# 饮食之道

## 餐桌上的文化人类学

# Ways of Eating

Exploring Food through
History and Culture

［美］本杰明·A. 沃加夫特 著
Benjamin A. Wurgaft
［美］梅里·I. 怀特
Merry I. White

吴杰 译

中国科学技术出版社
·北 京·

Ways of Eating : Exploring Food through History and Culture, ISBN:9780520392984
© 2023 by Benjamin A. Wurgaft and Merry I. White
Published by arrangement with University of California Press
Simplified Chinese translation copyright © 2025 by China Science and Technology Press Co., Ltd.
All rights reserved.

北京市版权局著作权合同登记 图字：01-2024-3660

**图书在版编目（CIP）数据**

饮食之道：餐桌上的文化人类学 / (美) 本杰明·A. 沃加夫特 (Benjamin A. Wurgaft), (美) 梅里·I. 怀特 (Merry I. White) 著；吴杰译 . -- 北京：中国科学技术出版社，2025.5. -- ISBN 978-7-5236-1192-0

Ⅰ . TS971.201-49

中国国家版本馆 CIP 数据核字第 2024YA8203 号

| 策划编辑 | 高雪静 | 责任编辑 | 刘颖洁 |
|---|---|---|---|
| 封面设计 | 东合社 | 版式设计 | 蚂蚁设计 |
| 责任校对 | 张晓莉 | 责任印制 | 李晓霖 |

| 出　　版 | 中国科学技术出版社 |
|---|---|
| 发　　行 | 中国科学技术出版社有限公司 |
| 地　　址 | 北京市海淀区中关村南大街 16 号 |
| 邮　　编 | 100081 |
| 发行电话 | 010-62173865 |
| 传　　真 | 010-62173081 |
| 网　　址 | http://www.cspbooks.com.cn |

| 开　　本 | 889mm × 1194mm 1/32 |
|---|---|
| 字　　数 | 207 千字 |
| 印　　张 | 12.25 |
| 版　　次 | 2025 年 5 月第 1 版 |
| 印　　次 | 2025 年 5 月第 1 次印刷 |
| 印　　刷 | 北京盛通印刷股份有限公司 |
| 书　　号 | ISBN 978-7-5236-1192-0 / TS·118 |
| 定　　价 | 79.00 元 |

（凡购买本社图书，如有缺页、倒页、脱页者，本社销售中心负责调换）

# 目　录

引言 　001

小插曲 1　杜乔的伊甸园 　013

第 1 章　农业起源中的自然与文化 　019

小插曲 2　西明石小镇的明石烧 　043

第 2 章　古代各大帝国的主食 　049

　　波斯帝国 — 056
　　罗马帝国 — 068
　　汉代中国 — 082

小插曲 3　咖啡和胡椒 　097

第 3 章　中世纪味道 　107

小插曲 4　韩式泡菜之前 　143

第 4 章　哥伦布大交换 　149

小插曲 5　烈酒保险箱 　175

## 第 5 章　社交饮料与现代　　　　　　　　183

茶 - 187
糖 - 196
巧克力 - 200
咖啡 - 206

## 小插曲 6　巴拿马的地道风味　　　　　　215

## 第 6 章　殖民地和咖喱　　　　　　　　　　223

英国菜单上的日不落 - 229
荷兰帝国饮食历险记 - 234
香肠与荣耀，那是法国菜 - 241

## 小插曲 7　冷藏柜　　　　　　　　　　　　247

## 第 7 章　食品工业革命　　　　　　　　　　253

农业革命和工业革命 - 263
烹饪现代化 - 269
氮与人类的新世界 - 272

## 小插曲 8　推陈出新　　　　　　　　　　　279

## 第 8 章　20 世纪的饮食文化　　　　　　　285

制冷和现代供应链 - 296
营养科学这一百年 - 299

乱局、传统和食谱 － 302
"美国"风味 － 309

## 小插曲9　菜单上惊现春卷　　315
## 第9章　饮食之道　　323
## 结语　　341
## 注释　　349
## 参考文献　　369
## 致谢　　383

引言

## 引言

对每个人来说,吃饭比说话早。婴儿还不会说话,就要吃饭长身体。只要是个人,就离不开吃喝,人与周边环境的关系由此建立起来。我们用言语来诠释这个世界,我们也依赖于这个供养我们吃喝的世界,很容易受到它的影响。情况好的时候,我们吃得就好。我们早已对喝牛奶、饮咖啡、吃米饭习以为常,并感觉心满意足。不过,正所谓学无止境,对于食物的探究同样永无止境。人遇事总是好奇,就仿佛肚子时常会饿。鸡蛋缘何要这样炒?谷物是如何发酵成啤酒的?饼干为什么会如此酥脆?

食物在我们生活中为何如此至关重要?说来话长,这完全可以理解。"万事食为先(First we eat, and then we do everything else)。"美食作家 M.F.K. 费雪(Mary Francis Kennedy Fisher)的这一句名言被广为传颂。这确实是不争的事实。吃喝这事可不只是比说话早，人这一生当中，没有什么其他活动比吃饭来得更早。不过，简简单单这么一句话的背后，隐藏着食物与"其他所有事情"之间错综复杂的关系。"其他所有事情"意味着方方面面的所有事情，从将玉米磨成粉糊到养猪，从为日本稻农提供农业补贴到保卫埃塞俄比亚的牛牧场，不可尽数。换句话说，为了能让人类吃上饭，有大量的农业和粮食相关工作者在操劳。其中一些工作既不是在田间劳作，也不是在厨房里忙碌。费雪这番话中的"其他所有事情"包括文化的因素——从关于世界起源于蛋的希腊神话，到描绘丰盛牡蛎和腐烂水果的荷兰静物画。可以说，各色人等的生活百态都与饮食脱不开关系，这其中包括用画笔描绘和用文字记录自己吃的东西。

食物的表现方式多种多样，绝不只是叙事和绘画那么简单。这些表现方式触及了它们所代表的东西。不妨想象一下古希腊海滩上燃起的熊熊烈焰，英雄奥德修斯（Odysseus）和他的手下已经在火上架好了用于祭献的牛肉。根据荷马史诗《伊利亚特》（*Iliad*）和《奥德赛》（*Odyssey*）的描写，这些英雄献祭、烘烤和吃掉了大量肉食。可实际上，对于古希腊人来说，如此这般丰盛的饕餮肉林是可望而不可即的。要想在崎岖的地形上养活如此多的动物，显然难比登天。不过，奥德修斯的饮食轶事颇具传奇色彩，恰恰反映出古希腊人把吃肉看得有多重要，他们感觉有肉吃面子十足。[1] 单凭有本事大谈特谈吃肉这件事，就能显得自己财大气粗、高人一等，或者能将丰功伟绩与知名的盛宴扯上关系。在《奥德赛》这部史诗当中，有众多奴隶和下人伺候奥德修斯的家人，养猪、养羊和养牛给贵族阶层吃。社会等级制度复杂至极，谁该吃什么、喝什么早有规定。有关吃肉的那些轶事能够助肉食者不坠威名，无论是在诗人吟唱的诗篇中，还是在聚在一起的百姓日常生活当中，莫不如此。也许我们该把费雪的话反过来说："首先我们要做其他所有事情，从种庄稼到讲故事不可尽数，只有这样我们才能有饭可吃。"

此书旨在唤起人们对食物的好奇心，特别是以新的方式来思考饮食问题。饮食的历史和相关的人类学，向我们展示了熟悉的口味背后那些令人称奇的起源故事，并揭示了常见仪式中的种种奥秘。不过，我们必须始终怀着乐于探究的好奇心。仅从在口中爆浆的一颗熟透的草莓，我们根本无从得知在烈日炙烤下的田野里弯腰采摘草莓是怎样一种滋味。我们从中很难了解到草莓的育种历史，以及早已被遗忘的物种

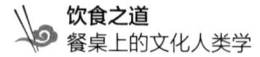

原型是如何经过数代的物种驯化，最终变成现在的草莓的。从某种意义上说，小小一盘食物堪称自然历史（我们烹饪用到的动植物食材的进化过程）和人类历史（我们"引导动植物进化"、饲养动植物和用其做菜的进程）的集大成者。不过，试问可曾有饥肠辘辘的食客停下来对此一探究竟？

既然如此，我们不妨从味道或气味入手。味道和气味实际上是一种信息，让人的身体知道自己入口的是什么食物，以及食物是不是安全、有没有营养、对身体是否有好处。我们身体的需求其实非常简单，不难得到满足，不过食物也会激起我们的好奇心。我们可能会在超市里停下身来，驻足去看看自己没见过的水果（也许是火龙果）。我们会在鱼档打听一种奇形怪状的鱼到底是什么来头（也许是一种鮟鱇鱼）。我们会好奇谁会买这种鱼吃、这种鱼该怎么烹制才好。或者，我们会看到一些熟悉的东西（比如一袋格兰诺拉牌即食麦片），然后意识到自己根本不知道这东西是怎么做出来的。而本书要讲的正是饮食令我们好奇的方方面面。书中讲的是食物当今口味的发展历史，还有文化引导我们双手的方式：当我们摘下草莓并用刀切开时，想到的是馅饼。诚然，这种驯化而来的草莓并非天然野生的，不过它已经成为我们称之为文化的实践和信仰领域中不可或缺的组成部分。倘若当初没有人为干预，今天哪里见得到什么玉米呢？它们充其量依旧不过还是一种野生草本植物罢了。

本书所起的书名，还有上文中的开场白，实则是向约翰·伯格（John Berger）1972年出版的艺术史著作《观看之道》（Ways of Seeing）致敬。该书脱胎于电视连续剧，向许多读者展示了一种新的艺术思考方式。[2] 在马克思主义文化批评的影响下，作者伯格提醒读者，艺术绝非美的传承那么简单。从绘画行为到博物馆里悬挂的画作，无不在诉说着关于阶级、权力和社会冲突的故事。艺术是一种表现和激发人类经验的正式实践，不过，艺术离不了具体的场景。伯格试图深入剖析绘画中牵扯的各种社会关系，尤其是现代欧洲肖像画等闻名遐迩的绘画形式。与之相类似，饮食表达出了欲望和食欲是如何影响我们的生活的：有时颇具戏剧性，比如金箔被盖在一盘印度鸡肉香饭上；或者不那么明显，比如鸟类在经过数代繁殖之后，肉长得更快。尽管早已时过境迁，但如今的美食中仍然依稀可见以往社会冲突和压迫留下的烙印。过往的人类迁徙、定居、贸易、战争和旅行模式都莫不如此。

想吃好喝好是人类本性，任谁都不能免俗，且承认这一点并不丢人。不过，当我们面对这种身体的本能欲望可决不能自甘堕落，否则就是纯纯的食欲作怪。胃口是我们与食物之间关系的核心所在，深入思考甚至浸润其中，我们可以学到很多东西。个人经验是研究饮食的重要工具。不过，正如人类的其他欲望一样，我们的饥饿和口渴也不是那么好解释的。我们关于饮食的故事数不胜数，单凭主观上的味道根本难以说清。吃糖确实令人开心，可这种愉悦与殖民种植园的历史扯不上关系，即便昔日奴隶们就是在殖民种植园里种植和收获甘蔗的。欲望是本书的一大主题，这是一种生存的欲望（例如当食品储藏室空空如也时，靠喝稀粥过活）、对心心念念的食物的念想（例如奶奶做的汤面）、对新奇事物的渴望（例如不畏海上风高浪急，冒险去寻找香料）。而权力则是本书的又一大主题（例如欧洲人对殖民地原住民的统治）。身份亦然，因为我们的饮食和烹饪方式表达了我们的文化和社会根源。

不过，身份会随着时间的推移而改变。一份馅饼食谱可能已经在我们家里世代相传，可它并没有原汁原味地一直传下来，每一代做馅饼的人都会在制作中有增有减，难脱夹带私货的嫌疑。我们的饮食跨越文化界限，在"自家食物"和"别人家的食物"之间来回变化。没有哪种美食是恒久不变的。即使这种烹饪上的变化令人深感焦虑,甚至有些人不惜固守自己所谓的"传统"或"正宗"菜肴,但变化始终都是"我们是谁"和"我们吃什么"的不变宗旨。人类会群体迁徙,或是入侵对方的家园,还有就是新食材会沿着贸易路线传播开来,因此,迁徙是本书的又一大主题。我们还注意到了洁净与污秽、可食用与不可食用之间的差异,这些差异塑造了我们诸多的饮食习惯,从我们把哪些植物和动物称作食材,到我们如何洗盘子,其间不一而足。工具和技术也是文化的一部分,食品从业者的躯体更是文化的一部分。世世代代,美洲等地的妇女们将玉米磨成玉米粉,在称为磨盘(metate)的扁平石臼上制作玉米饼。食品从业者的日常运动对他们膝盖和肩膀的影响,也成为饮食之道的一部分。

本书由一系列历史章节组成,按时间顺序从农业的起源一直讲到21世纪初。在这些章节中,我们提供了具体案例,由此提出关于饮食的重要问题。我们调查了文化人类学和历史中有助于解释人类饮食习惯和信仰的主要思想。不过,本书的受众不限于学者——不是主要写给学者看的。我们绝无穷尽人类饮食方式发展历史之意,若想实现如此宏愿,一本小书肯定触不可及,就算是鸿篇巨制也力有不逮。本书仅仅反映出了我们自己过去的研究兴趣和专业，以及我们的品位。

下面，我们来做一下自我介绍。梅里·I. 怀特（Merry I. White）是一位文化人类学家，重点研究日本及其他地区的饮食，从事过餐饮业，是美食记者和食谱作家。本杰明·A. 沃格夫特（Benjamin A. Wurgaft，简称"本"）为梅里之子，是作家兼历史学家，在担任美食记者之余继续深造，获得了欧洲思想史博士学位。本还接受过科学技术文化人类学方面的培训，并有过相关的实践经验。本书由我们二人合著，我们都认为，饮食的乐趣，以及食物工作本身不断变化的挑战，会增大而非弱化研究食物所带来的学术回报。这些事情都是相互关联的。从本书各章节的内容不难看出，我们的兴趣多种多样，且这几十年一直运气颇佳，曾多次到世界各地旅行、品尝各地美食，受到世界各地主人家热情好客的殷切招待。本从小在明尼苏达州吃犹太莳萝泡菜长大，后来我们有幸到意大利托斯卡纳用当地香料的混合物进行烹饪，还曾去过东京品尝羊角面包，等等。

本书各章节内容按时间顺序论述饮食的发展历史，引领读者从农业的起源横跨古今，还有一些部分介绍的是食物的文化人类学，讲述了人们如何在饮食实践中寻找有意义的表达。文化人类学的核心是观察。人类学家在田野调查中怀着一种训练有素、志在必得的真性情，对万事万物和所有可能的意义均保持开放态度。我们的每一次观察，总免不了会带着滤镜看问题，难以摆脱先入为主的成见。不过，消除这种成见的最好方法莫过于先要打心底表示接受和认可，然后强化兼顾全面和深度的双重认知。你永远不知道哪些细节或感觉才是最重要的：一个男人坐地铁时提着一个杂货袋，只见胡萝卜从袋子侧面的洞里支棱出来，整个袋子鼓鼓囊囊，仿佛随时要崩开似的；教堂钟声响起，引得身穿黑衣的妇女们纷纷前来做礼拜，而她们的男人则坐在露天咖啡馆里喝着咖啡；垃圾箱的发酵味刺鼻得要命，周遭都是臭烘烘的……历史研究通常从档案入手，很少涉及实地考察。不过，它与文化人类学有一个共同的重要特征。虽然历史学家都保留了他们的意识形态和方法论方面的偏见，但正如人类学家做的那样，我们要用证据说话。证据有可能会使我们重新阐述自己的观点，对此，我们必须保持开放的心态。

在饮食的历史和人类学中有着不同类型的问题，而每个问题都自有其适当的方法和证据来被解答。我们希望回答某些经验问题，也希望提供某些理论解

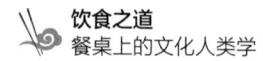

释，实践艺术中的部分奥妙正日渐变得清晰明了。我们完善了自己的问题，并了解哪些方法和证据可以帮自己解答这些问题。

人类学几乎总是从当代世界所开展的研究入手，但它常常让我们纠结于一个地方的过往。因此，饮食人类学家可能会从坐在东京拉面摊的凳子上开始，然后继续研究拉面底汤（dashi）的渊源，以及日本人对水域、鱼类迁徙和海藻养殖生态未来前景的忧虑。相比之下，历史研究的是随着时间流逝发生的变化，而饮食史往往是从研究过去数代厨师和食客的书信、日记或物证入手。食谱和菜单为饮食文化历史学家所喜爱，而注重研究烹饪实操方法的考古学家则更看重陶器碎片。不过，当我们问起古人是如何做饭和吃饭的，以及古人是如何理解这些行为的时候，我们经常会用到文化人类学家的工具，因为我们知道，文化实践影响到了从耕种田地到摆设餐桌的很多事情。当我们开始时，务必请记住这些问题：我们会渴望了解有关饮食的哪些信息？我们应该采取哪些措施加以学习？我们的膳食会透露出有关某些地方社会分工的哪些信息呢？谁是农夫？谁是厨师？厨师做饭用的锅是谁制作的？是谁酿的酒？是谁做的饭？[3]

小插曲 1

杜乔的伊甸园

## 小插曲 1
### 杜乔的伊甸园

走下一条长长的泥土路,穿过树林,我们喊道:"杜乔(Duccio)!范塔尼(Fantani)先生!"之后,从看起来像是一小片灌木的地方传来"嘶嘶"声。整整花了一个多小时的时间,我们才好不容易找到杜乔。我们当时所在的位置靠近意大利锡耶纳(Siena),距离佛罗伦萨(Florence)不远。之前我们是在附近卡斯泰利纳镇的农贸市场中结识的杜乔·范塔尼,他就在那个地方贩卖香料。这几周以来,我们每次烹猪肉、炖汤、烤土豆和炒蔬菜,都少不了要用上从他那里买的香料。现在我们就来种香料的地方一探究竟。

找到杜乔可不容易,我们赶了太久的路,对于究竟能否得见他的真容,有些同伴已经不抱什么希望了。他们最想要的只是得空能停下来歇歇脚,当然,要是还能来杯金巴利酒(Campari),就更好不过了。

可此时此刻，杜乔正不停向我们示意，招呼我们走下一座灌木丛生的小山头，跟着他的驴群留下的蹄印，踏着驴粪往前走。我们中的一些人穿的是凉鞋，因为鞋子不合适，结果弄得脚趾下面粘的都是驴粪。可杜乔依旧不停向我们挥手示意不要停。

　　杜乔卖的香料是他亲手种的吗？当他领着我们穿过长着香菜（coriandolo）、迷迭香（rosmarino）和茴香（fennel）的山坡时，我们慢慢弄清楚了"可以说是，也可以说不是"这句话的含义。如果说种植者采集的东西是在没人管理的情况下天然长成的，那他就不算是种植者。但他也不算是拾穗者，因为拾穗者捡的是正式收割后残留的麦穗。他采的香料绝大多数都是自生植物——他更像是给香料鼓把劲的人，不过有时他也会把上一年的香料种子撒下去种香料。虽然杜乔和他的人常年待在此地，可这里真的不算是个农场，他也不是种香料的。他偶尔会修修栅栏，阻挡驴子去香料长势最好的地方践踏祸害。不过就着灯光来看，我们总感觉他建的栅栏有点糊弄事。他身材瘦小，扎着灰色的马尾辫，双目炯炯有神，活脱脱一副树精的模样。他指着树桩旁一簇簇的芽苗还有杂生的香料给我们看，显然这些香料都不是专门有人种的：不是那么密密麻麻成排成行的，也不是一个区域集中

**小插曲 1**
**杜乔的伊甸园**

种植一种香料。他大声喊出"香菜、迷迭香、胡芦巴（fienogreco）和蜡菊（elicriso）"这些名字——他的混合香料罐中卖的香料就是用它们做的。他还给自己的香料起了个不俗的名字：基安蒂烹饪香辛料（aromi da cucina del Chianti）。

这里就像是个不入流的伊甸园，其中的财富是大自然带来的吗？这个问题的答案跟前文中问题的答案一样："可以说是，也可以说不是。"杜乔认为自己很幸运，有幸见证杜松（juniper）、猫薄荷（catnip）、野茴香（wild fennel）和永久花（helichrysum）这些近乎"纯野生"香料的生长全过程。不过，在这个过程当中杜乔也不是全然放手不管，他还是做了些事情的。水的问题他是要管的：他会在旱季多存点水，只有到了非用不可的时候他才会给香料浇点水。驴子们在园子里颠颠地奔来跑来，这里踩踩，那里踏踏，其实这也是在松土施肥。我们小心翼翼地穿过那片薰衣草和迷迭香地，你可以把这里想象成定居农业起源的一个小模型。如果杜乔愿意多建些栅栏，多播些种子，忍不住去扩大业务规模的话，他就会搞出个农场出来。尽管他的香料完全符合有机食品的标准，可他总对"bio"这个在意大利有机食品响当当的官方认证缺乏兴致。他是这么说的："perche troppo costoso。"这句话的意思是说：" 要想获得官方认证，繁文缛节的手续绝对是免不了的，那实在是太烦琐了，付出的代价也实在是太高了。" 他的香料罐标签上写着"真正的秘密（genuino clandestino）"，表明他对官方审批流程打心底里就不认同。当然，若能审批过关拿到官方认证，可能最终会让他的钱包鼓起来，可这又有违他那反主流文化的倾向。无论如何，从他工作的这个情况，就不难看出他内心对资本主义的那份又纠结又矛盾的心理。

穿过一片杂草丛生的田野，我们来到了一座摇摇欲坠的木结构建筑前。午后的阳光透过木板之间的缝隙照射进来，干燥室的架子上摆放着大量的香料。嗅到薰衣草沁人的香味，我们不禁止住脚步。隔壁的房间就像一个小号的炼金术士实验室，杜乔的助手就是在这里炼制香料精油、甜酒和其他提取物的。整个这块地方都透着农业社会前和工业社会前的那股劲头，不过，杜乔明白，只有用手工加工的方式才能把香料中蕴含的一切充分释放出来。这给我们提了个醒：即使在农业出现之前，人类要从大自然取食，也要互相比本领、拼本事才行。香料精油、甜酒和其他提取物的利润远比贩香料要丰厚得多，这一点自不必多言。殊堪玩味的是，这也为杜乔那几乎不怎么打理、基本上靠作物天然生长的香料商业项目提供了经济支持。

# 第1章 农业起源中的自然与文化

# 第 1 章
## 农业起源中的自然与文化

我们为什么要吃东西？查尔斯·达尔文（Charles Darwin）在其1871年出版的力作《人类的起源》（*The Descent of Man*）中，推测正是农业［"农业"这个词的英文是混合词，由希腊语中的"田地"（agri）和拉丁语中的"培育"（cultiva）混合而成］将"野蛮"与"文明"这两种状态区分开来。[1]当然，农业实践通常与文明中许多我们熟悉的方面息息相关：产权制度、固定的居所和家庭之外的复杂社会组织形式等。农业甚至可能促成了以上种种。据达尔文猜想，农业起源于一桩简单的"意外"，即一棵果树的种子碰巧掉落在了"垃圾堆"上。我们可以肯定的是，探寻动植物驯化和农业的真正起源更为复杂，不仅需要观察让人开心的自然事件，还要依仗协调一致的人类行动。

本章探讨的是从狩猎采集到农耕的转变，这一

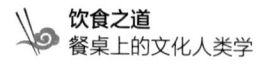

转变究竟如何尚无定论，生物学家、古生物学家、考古学家，还有人类学家对此一直争论不休。如果说人类以现代形式存在开始的时间是在20万到40万年前（当然这具体要视我们所用的物种形成基准而定），则人类从事农业耕作的时间只占人类历史的很小一部分，因为它大约是从公元前1.1万年开始的（似乎在现代人类出现之前，原始人就已经使用可控制的火来烹饪食物，因此农业的出现是在用火之后）。[2] 农业文化的出现恰逢更新世（Pleistocene，即最后一个冰河时代）的结束和全新世（Holocene）的开始，而我们今天仍然属于全新世。在21世纪初，许多气候变化观察家将全新世更名为"人类世"（Anthropocene），以反映人类和我们的技术对环境的影响。不过，我们对自然界的影响可以说始于农业本身，它是通常被称为"新石器时代革命"的最重大发展之一。正是在这场革命中，我们人类开始广泛地制造和使用工具。具有历史讽刺意味的是，在最早曾助力向农业过渡的肥沃地区当中，许多如今已经退化。例如，伊拉克和伊朗的大部分地区已经不适于农业耕种，而非洲的萨赫勒地区（Sahel）更是饱受干旱和饥荒之苦。

# 第 1 章
农业起源中的自然与文化

农业意味着照顾和改变某块一英亩[①]土地上繁茂生长的动植物物种，提高这块地的物产以满足人类饮食需要。这个定义范围足够大，包括 21 世纪初的大规模工业化农业实践，以及一些人类学家所说的"集约化"农业，即全靠促进某些物种在特定地区的大力发展，以限制其他物种在该地的发展。它还包括没有种植固定植物作为饲料的畜牧业。无论规模大小，农业都是从选择最适合人类饮食需求的动植物物种开始的。我们周围可食用的植物种类相对较少。公元前 1.1 万年左右存在的野生植物约有 20 万种，人类只驯化了其中的几百种。人类现在种植的主要农作物是数量相对较少的远古野生植物驯化后的后代植株。由于其营养和物理特性的缘故，它们吸引了早期的农业学家的注意。同样，我们吃的动物（或产奶和下蛋的动物）也是它们野生祖先的后代。这些动物之所以看起来更容易被驯化，通常是因为它们性情温和、好打交道，并且喜群居，好驯养。在地球上约 148 种大型陆生哺乳动物中，经过人类驯化后可用于食用、劳动或运输的动物物种只占很小一部分。务农确实是人类为了自身利益去掌控自然而走出的第一步，不过，某些

---

① 1 英亩 ≈ 4046.86 平方米——编者注

人却从相反的角度来看待这一过程。如果固定面积的土地上能出产更多的动植物供人类食用并造福人类，那么人类自己培育物种也同样大有好处，因为人类就像大黄蜂一样，只要是迁徙所到之处，就会帮助这些物种繁衍和传播到这个地方。[3] 结果，这些物种得以生存下来——从进化的角度来看，被驯化的过程其实上就是成功适应环境的过程。

在 21 世纪初，以下这些品种的作物收成占到人类每年作物总产量的 80%：小麦、玉米、水稻、大麦、高粱、大豆、土豆、木薯、红薯、甘蔗、甜菜和香蕉。全球人类消耗的热量中，来自大米、小麦、玉米和木薯的就占到约 73%。这些都是人类专门吃的主粮作物。最有趣的是，据史料记载，这些重要的农作物已经陪伴人类很长一段时间了。现代时期（大约从公元 15 世纪至今）既没有驯化出任何主要的新主粮作物，也没有驯化出任何新的重要牲畜物种。然而，无论是从农人还是从农场饲养对象的角度来看待农业历史，重要的都是要注意这一过程的递归性：在改变自然的过程中，人类也在改变自己。说起从种类有限的食物中获取营养的能力，人类可以说是擅长灵活变通的。不过现如今，人类已经完全依赖于少数几种特定的动植物来维持生计。举个大家都知道的例子，生

# 第 1 章
## 农业起源中的自然与文化

活在北极圈的因纽特人几乎全靠吃鲸鱼肉为生。倘若没有这样的单一口粮可以依靠,我们就需要寻找新的生存策略,或是回归旧的生存策略。

当然,农业远非智人与"自愿"成为我们生物基础设施组成部分的动植物物种之间的一种安排那么简单。农业涉及从社会组织到语言再到宗教的方方面面。来自世界各地不同文化的一百种仪式——例如用葫芦洒水来祈雨,或献祭牲畜以祈祷上苍保佑五谷丰登,都证明了农作物每年生长、死亡和重生这样周而复始的重要性,还印证了农业在人类诸多想象中处于核心地位。[4] 即使是历史上的一神论宗教(如基督教)中更为抽象的信仰,也可以一直追溯到农业生产周期的重要性。当年,农业不仅成为人类适应、生存和繁荣的一种机制,而且与之前的采集和狩猎一样,成为人类文化和社会发展的重点。很快,生存与文化的关系,变得和它与摄取热量的关系同等重要。

在其经典著作《生食和熟食》(*The Raw and the Cooked*)中,人类学家克洛德·列维-斯特劳斯(Claude Lévi-Strauss)认为,烹饪是人类创造出来或控制的文化世界与我们最终无法控制的自然世界之间的一种调解方式。[5] 列维-斯特劳斯从这种二元化区别中创建了一套人类学思想体系,被称为结构主义人类学，并在前现代人类文化和现代人类文化中寻找证据来支持他的主张。结构主义认为，意义源自差异和对立，例如拿一篮子生的植物块茎与靠热岩石烘烤熟的块茎做比较。[6] 食物人类学可从结构主义汲取的一个经验教训就是，我们所吃的东西的意义并不是固定的，会随着我们创造差异的能力变化而改变。因此，用于配制食物的新工具和技术对文化是有影响的，当然，文化也会改变我们的工具和技术。此外还有一个经验教训，即支配我们生活的意义结构在很大程度上是不取决于个人意志的。我们可能与特定的食物有个人的关联，但可生食与熟食之间的对立意义胜过我们个人的偏好，并且具有我们无可辩驳的意义，就像拿"猫"或"夜晚"这样意思已约定俗成的词来说，有些东西是不取决于个人因素的。饮食成为我们生活中的一种意义系统，就像语言一样。正如它们回应我们对营养的需求一样，它们也回应了人类组织这个世界并赋予其意义的愿望。

进入新石器（Neolithic）时代之后，越来越多的人开始过定居生活，制作出的石器和陶器日臻精美，并且开始以农耕为生。当时，农耕在人类的多个定居地展开，时断时续，进展非常缓慢。在某些情况下，特定的人类定居地会向着农耕方面迈进一步，然后又

## 第 1 章
### 农业起源中的自然与文化

退后一步,当然终究还会再次回归务农。农业缘何是从公元前 1.1 万年左右开始的呢?其中原因莫衷一是,颇具争议。不过,学术界对于该时间框架本身基本上并无异议。随着小冰河时代的结束,冰川消退,气温稳定在较为温暖的水平,地球上有越来越多土地的生态环境变得更为友好。大地上遍布各种野草,而其中很多种野草后来经人类驯化都变成了农作物。

学术界对农业起源有许多分歧,这似乎是因调查人员使用不同类型的证据所致:从古人的骨头和牙齿,可能窥见当年他们吃什么以及是如何获得食物的,而从石器、陶器和其他文物则可一探其他方面的究竟。种子残留物和其他留存下来的植物物质——包括植硅体(又名"植硅石"),是植物表皮细胞内或这些细胞之间由草酸钙或碳酸钙形成的晶体,它们在植物腐烂后于土壤中保存下来——所有这些都在讲述它们各自的往事。数十年来,放射性碳定年法一直都是我们最好用的工具之一。而在最近,通过基因测序技术,对于动植物物种驯化进程到底有多缓慢这一课题,我们也有了更深的了解。

不过,即便有更多类型的证据可为我们所用,学术界对于弥合农业起源的分歧也几乎无能为力,不大可能就农业出现的问题达成共识。事实上,我们对于以下问题可能尚无定论：当年为何人类不再固守狩猎和采集，开始务农和放牧？当年农业是如何传播到世界各地的？为什么农业并非一直集中在少数几个似乎独立发展的地理中心？这些中心包括：近东（Near East）、中国的某些地区（主要是长江和黄河流域）、中美洲（Mesoamerica）、秘鲁高地（Peruvian Highlands）和北美洲东部地区（Eastern North America）。

当我们想到"基础设施"这个词（比如我们所依赖的道路、桥梁和航道）时，我们可决不能忘了农田的生物基础设施。人类文明所取得的所有成就，都是建立在这种生物基础设施打下的基础之上。然而，农业未必一定能够解答如何获取食物这个问题。从大多数狩猎采集社会的短期视角来看，发展农业竟然是个非常糟糕的主意，实在令人大跌眼镜。对现代世界中仅存的几个狩猎采集部落的生活所进行的人类学研究结果表明，与务农者相比，这些狩猎采集者每周只需工作更短的时间，这些狩猎采集活动能为他们提供卡路里同样多的食物。从古代露营地和墓地出土的骨头和牙齿来看，早期的狩猎采集者比第一批务农者吃得更好，个头更大，寿命更长。诚然，农耕活动可能会使特定面积的土地每年比未开垦的森林产出更多的食物，不过，要想真正取得这样的结果，人类就需要付

## 第 1 章
农业起源中的自然与文化

出巨大的努力（包括开垦、种植、照料和收割）。如果食物来源丰富充足，有大量水果、坚果、块茎和猎物可吃，那么从个人的角度来看，单单开发这些资源"付出的代价会更低"，所以狩猎采集的生活方式很有吸引力。也正因为如此，一些人类部族在最初选择了农耕生活之后又回归了狩猎采集生活——他们之所以务农，可能只是为了暂时缓解狩猎采集模式下出现食物短缺情况时的权宜之计。

倘若以为人类当初从狩猎采集转变为农耕生活是义无反顾的突然觉醒，那就大错特错了，而历史已经屡屡证明了这一点。从历史记载来看，这两种生活方式曾在世界上许多地方长期并存，是在经过许多代之后，天平才慢慢向着有利于农耕的方向倾斜。不过，不管怎么看，在远古时期，农耕似乎并非人类祖先的首选，而是经过漫长的过程才逐渐被人类所选择的。

人类由此成为一种农业动物，不仅栖息在自己的生态位，而且还构建了新的生态位。在对早期从事农业生产的解释当中，已经包括了简单的"发明家"理论——该理论认为农业是个人在观察植物从野生种子生长出来的方式后，在受控条件下复制该过程的活动。此外，还有一些人持"定居"理论。根据这种理论，由于冰河时代缓慢消退，使得人类可以在固定的

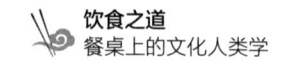

地方长期生活，因此农业变得更具吸引力。其他理论则将"累积型"人格类型、技术创新、在沙漠化条件下最大限度地利用日益萎缩的资源的需要、财产观念的出现，甚至宗教的发展，当作解释机制——上面所列的内容只是其中很小的一部分而已。

还有一些理论认为，正是因为人口压力促进了农业的发展，至少在世界上的某些地区如此。大多数人口压力模型都是从以下方面演变而来的：就满足个人需求而言，农耕可能并不比狩猎和采集更胜一筹，可从集体的角度来看，农耕就可能更有优越性，特别是对于人口更多、生活更稳定的人类族群来说。农耕这种生活方式可以一次产出更多的食物，这样族群就能够储备食物，养活更多的人。粮食供应增加，人口往往也会随之增长，这是英国政治经济学家托马斯·罗伯特·马尔萨斯（Thomas Robert Malthus）在18世纪末正式提出的观察结果。马尔萨斯认为，人口增长总是领先于农业的增产，在某些情况下，即使农业实现集约化和生产力提高，人口压力也会保持不变。因此，随着社群规模的扩大，在农业上"投入"时间的回报会越来越大。不少人口增长理论还有另一个特点，即定居农耕式社会的生产方式会导致出生率上升。在不断迁徙的狩猎采集族群，母亲可以同时照顾

## 第 1 章
农业起源中的自然与文化

的孩子数量较少。相比之下，居有定所的母亲怀下一胎间隔的时间可能会更短。通常，游牧族群的母亲会等到孩子长到三四岁，能自己走路后才会再去怀下一胎。但是，即便人口压力的"加剧"效应是相对没有争议的，那些认为人口压力最先导致了农业发展的说法似乎也缺乏确凿证据的支持。任何特定的人类定居地在从事农业耕种之前就会出现人口压力增大的情况，关于这一说法，考古学家尚未发现任何确凿的证据。

在如今叙利亚的阿布胡赖拉（Abu Hureyra），研究人员发现了世界上可能最早的农业遗址。此地出土的证据表明，早在公元前 1.15 万年，人类就已开始种植作物。这些定居点是在所谓的新仙女木（Younger Dryas）冰川事件[①]之后建立起来的，而这一事件始于公元前 1.28 万年左右，造成了持续千余年之久的寒冷天气，使得供人类安居乐业所需的生态系统难以为继。如今看来，很有可能正是那段时期延缓了世界各地农业生活早期实验的发展进程。我们在以下三大地区发现了早期农业不间断发展的最广泛证据，分别是：近东，该地区在公元前 9000 年农业就已占据主

---

① 冰川事件是起始于公元前 1.28 万年左右的一次气候快速变冷事件，对全球气候、生态环境和人类发展进程均产生了重要影响。——编者注

导地位；中国的黄河流域，起始时期约为公元前7500年；秘鲁高原和中美洲，这些地方最早出现的农耕文明可以追溯到公元前6500年左右。值得注意的是，各考古学家及人类学家所认为的具体时期各不相同，并且很可能一有了新的发现，他们的看法就会随之改变。

在考虑哪些地方的农业最为成功的时候，我们应该牢记一点：助力农业取得成功的各因素有着惊人的巧合。在近东，促进农业成功的因素包括地中海气候——冬季温和湿润，夏季漫长炎热。这样的气候条件孕育出了生命力极强的植物，它们能够熬过旱季存活下来，然后趁着雨季茁壮生长。不过，由于它们是"一年生植物"，因此不会产生太多难以消化的木质素。它们只有一年的生命周期意味着它们将更多的热量用于孕育人类可食用的种子。

虽然我们的地球不乏"地中海式的"气候区，其中就包括北美和南美西海岸的部分地区，以及澳大利亚南海岸的部分地区。不过，近东地区适合驯化的植物品种要丰富得多，并且适合为人类服务的大型哺乳动物种类也要更多。新月沃地（Fertile Crescent）[①] 当年

---

[①] 指西亚、北非地区的两河流域及附近一连串的肥沃土地，由于其在地图上好似一弯新月而得名。——编者注

# 第 1 章
## 农业起源中的自然与文化

出产的主要农作物包括单粒小麦和二粒小麦（两种非常早期栽培的小麦品种），以及大麦、兵豆、豌豆、鹰嘴豆和亚麻（少数早期种植并用于制衣而非食用的驯化作物之一），还有苦野豌豆，其种子类似于红扁豆，不过必须先泡水去除苦味才能放心食用。选择农耕作为生活方式的过程似乎在公元前 6000 年就已经完成。

值得注意的是，在新月沃地，畜牧业和种植业相得益彰。那里之所以发展畜牧业，一个原因是为了有肉吃，另一个原因是为了有奶喝（与屠宰吃肉的牲畜相比，产奶或产蛋的动物一辈子所产生的卡路里是前者的许多倍）。与此同时，通过驯化动物这一过程，我们意识到家畜的另一个好处是可以帮人干农活，而这通常对农业至关重要。值得注意的是，早在植物被驯化之前，非洲大部分地区的牧民就开始驯养动物并开展游牧畜牧业，赶着畜群游牧四方。[7]

美洲最重要的农作物是所谓的"三姐妹"：玉米、豆类和南瓜。早在公元前 1500 年，它们就已在整个中美洲各地被种植。农业似乎最早发端于墨西哥和秘鲁。墨西哥瓦哈卡州（Oaxaca）的一次考古发掘结果表明，瓜类蔬菜被驯化的时间可能与近东地区作物被驯化的时间相仿。在用科学手段探知农业起源的早期人物当中，R.S. 麦克尼什（R.S. MacNeish）算是最重量级的一位，他在如今墨西哥的塔毛利帕斯州（Tamaulipas）发现了公元前7000年至5500年间种植的辣椒和葫芦，以及瓜类蔬菜和豆类的种植遗址。在墨西哥中南部的特瓦坎（Tehuacan），与塔毛利帕斯州相同的作物，加上玉米、苋菜和鳄梨，历史可以追溯至公元前5000年至公元前3500年。当年狗和火鸡都已被驯化，成为人类的肉食来源。玉米似乎是先在地势较低和较湿润的地区种植，后又逐渐适应了维度更高、更为干燥的环境。在秘鲁高原，人们已经发现的豆类和辣椒，历史可追溯至公元前6000年左右。在早期农业方面，美洲和近东之间最重要的差别可能在于前者缺乏畜力：虽然在墨西哥和秘鲁的早期农业遗址确实发现有动物被驯化，不过这些动物个头都较小，体重还不足百磅[①]。而在近东的农业发展中，实践证明体重超过百磅的大型动物较为适用于干农活。

中国长江流域很有可能是最早驯化水稻的地方，当年此地用野生植物已能驯化出近似现代大米的作物。有证据表明，这可能早在公元前1.1万年就已发生，它使得中国农业的起源和新仙女木事件之间的关系与发生在近东的平行事件的关系是一样的。中国几

---

① 1磅 ≈ 453.59克——编者注

## 第 1 章
农业起源中的自然与文化

乎所有重要的农作物都是本土驯化而来的：谷子、高粱（在公元前5000年到公元前3000年的某个时间点，中国长江流域似乎是一直以谷子为主粮的自给经济。在许多区域，种谷子比种稻米更早）、大豆、小豆、绿豆和大米。一些重要的动物也是本土驯化的：猪、狗（用于狩猎和肉食来源）、鸡和牛。其他动物（包括马、绵羊和山羊）和植物（包括大麦和小麦）是最终从其他地区传过去的。

农业最重要的传播路径是从近东传到欧洲、北非、东非以及印度河流域（Indus Valley），还有从中国传到整个东南亚和西太平洋沿岸地区。此外，多种农作物也从中美洲向北传到北美洲。一般来说，植物更容易传播到与它们最初驯化之地环境相似的地区。例如，许多近东作物最初是在地中海气候下成长的，正因为如此，它们传到欧洲许多地区后都长得很好。证实存在这种传播最有力的一大证据就是语言：欧亚大陆（Eurasia）和澳大拉西亚（Australasia）[1]主要语系的全球分布与佐证作物传播路径的考古依据完全吻合。近东和中国是农业的摇篮，也是大多数现代人所

---

[1] 一般指大洋洲的一片地区，包括澳大利亚、新西兰和邻近的太平洋岛屿。——编者注

使用的七大语系的发源地。不过，当初农业也有可能是以如下两种方式进行传播的：一是"人口"传播模式，即农业人口从一个地方迁移到另一个地方，并将他们的耕作技术和农作物带了过来；二是"文化"传播模式，即农业实践方法通过社会接触的方式在不同群体之间传播开来。就欧洲而言，这两种传播模式得到了人类基因组记录的证实，而且很可能是同时进行的。

正如上文所述，列维-斯特劳斯认为，对于人类社会来说，烹饪长期以来一直在人类文化领域（人类掌控力更强的领域）和自然领域（在我们的篝火范围之外或城墙范围之外更可怕、更狂野的地带）之间起着协调的作用。通过务农和烹饪，人类收获大自然的物产，并将这些物产转化为有用的、可识别的营养元素，并围坐在火堆或餐桌旁一起分享。驯化的植物和动物似乎仍然是大自然王国的一部分——可以想象的是，有些动植物可在野外生存下来并繁衍后代，而这些后代再经过数代之后可能被逐渐驯化。不过，有些动植物就不是这个样子。以玉米为例，它最早起源于一种种子比现在小得多的野生植物，被称为墨西哥类蜀黍，是一种最初发现于墨西哥北部的草类植物。现代玉米是经过人类数代培育后的产物，只能通过农耕繁衍。人类有选择地培育这种植物，以增大其可食用

## 第 1 章
农业起源中的自然与文化

部分的产量，同时在这个过程中，人类除去了能使类蜀黍在野外茂盛生长的那些生物特征。实际上，现代玉米是人类的发明，即一种最基本的生物技术。倘若没有经过这些特殊的处理，玉米恐怕没机会在人类的饮食中占据如此重要的位置。玉米中的某些氨基酸和维生素只有在经过氢氧化钙处理后，才能被人体消化吸收。早期农民可能是通过将木材燃烧成灰烬来生产氢氧化钙，而氢氧化钙若与水混合可生产碱性溶液，这个过程就是所谓的碱法烹制。由此，当年玉米就得以成为美洲的主要主食。[8]

驯化的谷物（包括非常重要的小麦和水稻）有一个常见的形态特征，即它们的单个种子是从被称为"花序轴"的中心轴生长的，当动物触碰谷物或风吹动谷物时，种子很容易会从轴上断裂开来。由此，植物可将种子传播到更广的区域。由于种子成熟时花序轴会变脆，因此种子只有在准备好在土壤中扎根时才会四散传播。如果外界条件适宜的话，种子就会长成新的植物。经过人类的培育，小麦和水稻的花序轴变得结实柔韧，这样种子即便在成熟后也能牢牢附着在上面。由此，这些植物的种子在野外散落的可能性大大降低，这对农民来说更具吸引力，因为农民一次可以收获到植物所有的可食用种子。所谓的"防碎裂"

花序轴及其所属的植物是植物育种领域最早获得成功的一大成果，虽然植物形态学很难被用作驯化事件的确凿证据。值得注意的是，有些农作物究竟是如何驯化而来的，仍然是未解之谜。例如，野生的杏仁和腰果对人类来说毒性很大，以至于迄今尚不清楚它们最终是怎么被驯化的。乔纳森·斯威夫特（Jonathan Swift）曾说过："第一个吃牡蛎的人是勇者。"这句话被广为传颂。可想而知，当年有毒坚果的驯化过程肯定难度更大。

当年，就在农业改变农作物的同时，它也改变了动物。许多家养动物的角与野生动物的角不同——山羊就是最好的例证，而且大多数家养的大型哺乳动物都比它们的野生祖先个头小。一些驯养动物的智力水平低于同时代的野生动物（智力是一种生存特征），而且相比之下许多驯养动物的感官也更为迟钝，因为敏锐的听觉、视觉和嗅觉这些生存优势在驯养情况下变得不再那么重要。人类驯养有些动物谋求的是它们长出的皮毛，把动物喂养好，是为了获得成色上等的皮毛。

农业在改变了植物和动物的同时，也从根本上改变了人类。最为重要的是，农业使人口数量大大增加。对早期人类人口的估算表明，公元前1万年左右，全世界可能只有300万人。到了公元前8000年，全球

## 第 1 章
农业起源中的自然与文化

人口增加了 230 万，增量属实惊人。当然，这比起现代的人口增长实属小巫见大巫。许多人类学家认为，农业的出现改变了我们的种种社会组织模式，使这些模式变得更加复杂。从最基本的层面来看，农业意味着人类社会并非人人都要从事粮食生产工作。农业出现之后，人类就有了剩余时间，一些人得以从事其他类型的工作，例如制造有用的物品、照顾老幼病残、传教布道，以及承担管理职能等。

由于农业能够产出对手工制作有用的材料，例如亚麻、棉花、羊毛以及油料，因此农业当初不仅促进了手工业的发展，而且对依赖于手工业的一系列复杂社会实践的发展也大有帮助，例如走流行风的图案样式。世界上大多数地区都种植了某种形式的纤维作物。在美洲，种植某些品种的葫芦是为了制作储存容器而非食用。有趣的是，农业对人口增长的影响和对技术变革的影响似乎差不多能够契合，并且在相关的节点上，（较高的）人口密度很可能有效地提高了新形式的社会组织和技术的发展速度。由此，农民在迁徙过程中把农作物传播到世界上越来越多的地方，同时农业生活及其社会形态自然而然就产生了各式各样的烹饪方法。

最早从事农耕的农民个人的健康状况非常糟糕，那人们当初是否为此曾付出过更为惨重的代价，并且这种影响更为深远持久呢？政治学家詹姆斯·斯科特（James Scott）认为确实如此，因为种庄稼有助于国家的形成，而国家的税收方式就是向百姓征粮，然后再重新分配粮食来养活自己的子民。在斯科特看来，在这样的国家生活固然好处不少，可弊端也很明显。[9]他认为，农耕生活最终促进了"国家"和"臣民"政治范畴的兴起，这与狩猎采集生活奉行的平均主义形成了鲜明的对比。不仅如此，因为粮食重新分配，致使资源集中在少数人手中，从而产生了早期形式的社会不平等现象。虽然农业早在国家出现之前就已存在，但早期国家对各种农业技术手段大加利用，使它们不仅成为维持生计的方式，更是成为掌控社会的手段。斯科特进一步指出，农业的兴起与近东地区国家的出现之间相隔较长的时间，这表明以农业立国并非唯一的方式。所谓的"野蛮人"过得也并不差，并不急于定居下来转向农耕生活方式。

通过这样的论证方式，斯科特反对世界历史上占主导地位的一种流行叙事方式，即文明进程的叙事方式。具体而言，就是在人类从狩猎和采集到务农、从游牧生活到定居生活的发展过程中，国家这种占据主导的政治形式出现，它最适合管理复杂社会的各种需求和资源。总的说来，这就是一个关于进步的故事。

# 第 1 章
## 农业起源中的自然与文化

从斯科特的角度来看，这不仅是关于植物和动物被驯化的故事，也是关于人类被驯化的故事，因为这是有代价的，包括人类付出的自由代价。在城市的城墙之外，以游牧方式生活的狩猎采集者仍继续存在，他们的群体中含有尚未实现的政治形式的萌芽状态，以及与获取和分享饮食的不同方式紧密联系在一起的生活交往方式。正如我们下一章将会讲到的那样，最终主粮不仅维系了独立城邦，还维系了帝国。谷物能够以可预测的方式被种植、储存、运输和烹饪（甚至比扁豆等其他流行的主粮作物更有效），是横跨欧亚大陆的军队和官僚机构的后盾。

斯科特的论点不乏有益的启示，其中之一就是，它可以让我们摆脱这样的假设：农业以及借助农业的社会结构代表着简单的进步。我们不必非要将"狩猎采集"和"农业"视为人类发展的必经阶段。不过，关键的根本问题在于：在人类历史上，种植、加工、烹饪和食用食物的某些方式是否与特定的政治生活方式相关呢？这个问题不该致使我们假设存在"无政府主义"食物和"极权主义"食物——这种表达观点的方式过于笨拙和简单。不过，某些形式的基础系统，比如农业，似乎确实推动了一种特殊的合作工作以及社会生活方式的产生，因为这种劳动需要众人共同付出努力。粮食的物质供给，即我们储存粮食、运输粮食，并用粮食交换其他必需品或贵重物品，最终促成了国家的崛起。无论国家这种存在形式相较于游牧民族或"野蛮人"到底有什么样的优势（这是一个道德规范和政治辩论的问题），有一点是可以肯定的：就人类生活的记录而言，国家留存下来的记录更久。

从我们人类悠久的历史来看，尽管农业确实具有时断时续的特点，不过人类社会向定居农业的转变还是很快的。鉴于下文会讲到现代时期和眼下的发展情况，本书接下来的章节所涵盖的时间跨度会越来越短。不过，我们历史上由来已久的农业转型仍然与现代饮食方式的历史相关。不妨想想 21 世纪初的一盘食物，它是相对年头不久的烹饪全球化和实验的产物——玉米饼，即一种玉米粉薄烙饼，饼上摊的是厨师按嗜辣的韩餐做法烹制的牛肉，上面还撒有融化的美国切达干奶酪。看到这道菜，我们会发现它集多种菜式于一身。不过，如果我们细加端详，就会发现这些菜肴的原料是玉米、牛肉和牛奶。早在欧洲人开启他们的探索和征服大冒险之前，这些食材就早已传遍全球。我们的烹饪创意是在食材受到限制的情况下，凭着很久之前就已总结出的经验迸发出来的。

小插曲 2

西明石小镇的明石烧

## 小插曲 2
### 西明石小镇的明石烧

  章鱼丸,俗称日式章鱼烧(takoyaki),实际上算是一种煎饺,是日本随处可见的美食,在街头和神社祭典上尤为多见。章鱼丸用铸铁锅在煤火或燃气烤架上烹制,香气四溢,令人馋虫大动,客人就在摊位前享用。这道名小吃是用切碎的章鱼烹饪而成:先将章鱼切碎并与面粉一起打成糊状,然后用炊具上的圆形凹洞来定型。当烹制日式章鱼烧时,制作者用签子拨转丸子,等丸子颜色变深时将它们与炊具脱开。丸子不光被抹上了棕色的伍斯特郡酱汁,还撒有少许干绿色海藻片(aonori)和木鱼花(katsuobushi),即半透明、卷曲的鲣鱼干。丸子冒着腾腾的热气,这些配料好似在翩翩起舞。烧好的丸子边上配有红色的腌姜细条,丸子球上可能还有蛋黄酱撒出来的纹路。蛋黄酱又酸又甜又美味,十分开胃,在海藻香气的加持下，令人不禁想起另一种流行美食小吃——御好烧（okonomiyaki）。这是一种蔬菜海鲜蛋糊煎饼，配料与日式章鱼烧极其相似。

有机会的话，一定要尝尝与日式章鱼烧颇有渊源的明石烧（akashiyaki），不过，只有去神户沿海一带才有这个口福。我们当时是在日本兵库县明石市寻访据说是最好吃的明石烧，我记得是一位老妇人指给我们该去哪家店的。她介绍我们去的这家店的店面很小，马蹄形的柜台周围只有大约五个餐位。如果去日本旅游，不妨多向"上岁数的女士"打听一下：她们不仅知道得多，而且很开心有人来请教自己，乐于把自己知道的讲给人听，因为家中年轻一辈很少给她们指教的机会。我们一行人从店内两侧的杂志架和衣帽钩之间勉力挤过，终于找到了位置。四下里弥漫一股烤肉和烘焙的味道，烟熏味中略带点鱼腥味。我们简直有些迫不及待，快要等不及厨师来找我们点菜。在这里，点菜只会有两种情况："来一些"和"再来一些"。

相比章鱼烧，明石烧更为软嫩、蛋味更浓、味道更细腻，不过弹性略逊一筹，它里面也放了点章鱼。明石烧另配一碗日式高汤，可以蘸着一起吃。汤里除了切碎的葱花，可能还撒有香松（furikake）、芝麻和紫菜，除此之外，也许还有一些干虾或鲣鱼。明石烧

## 小插曲 2
### 西明石小镇的明石烧

光是配料就有不少吃法。

但凡标志性的食物，都免不了有争议。同样，对于日本章鱼烧的历史渊源，厨师、历史学家和食客都各有各的说法。有人认为，明石烧最早是源自 1933 年前后的大阪"日式烧肉"（nikuyaki），后来传到沿海的明石市变成烤章鱼。还有人认为，这道小吃的流传方向正好截然相反，是从明石市传到了大阪，到了 1935 年由远藤留吉将其变成了章鱼烧。有没有这种可能——我们 2020 年年初在日本滨海小镇西明石吃的这道小吃，其实就是日本各地庙会地摊和小店里所有章鱼烧的鼻祖呢？在不确定性和种种争议的背后，有一种愿望很明显，那就是人们希望讲述食物的起源故事，以及推测个中真相。人们对多样性和地域性也一直饶有兴趣：没有什么单一的日式章鱼烧，就像没有单一的"日本料理"一样。事实上，真正的热望可能就在于这些强有力的争论本身：争论越激烈，反倒越惹人注目，也越令人食欲大开。这样做的结果，就是会让大家更专注。

当地美食是美食旅游业的重要组成部分，而美食旅游业在日本有着举足轻重的地位。不过，即便不考虑美食旅游这一因素，提及食物的原产地也常是一大卖点。以明石烧为特色的小店让人想起这道小吃的原

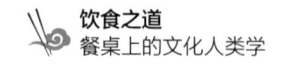

产地，把距离这一卖点拿捏得恰到好处。这与加利福尼亚州出售蒙特利尔风格百吉饼的商店的做法简直是如出一辙——即使无缘去到原产地，人们也照样可以享受到"当地美食"。

我们光顾的这家明石烧小店门脸很小，又乱又吵。可即便如此，还没等我们吃完这餐饭动身离开，就打心底立马涌起一股"定要重回此处再来吃一顿"的冲动。我们不妨将这种感觉称为"满满的乡愁"，就是那种还没等我们做完眼前事，新的思绪就已涌上心头的感觉。我们一直都是"地道的吃货"，想方设法去搜寻自己中意的美食，不亲口品尝誓不罢休：一定要亲历那种吹弹可破的软嫩，热气从我们咬开的小洞直往外冒，丸子上滴落的黏稠酱汁粘在我们的下巴上的感觉。回到东京后，我们去了有"烹饪器具天堂"之称的合羽桥道具街，此地云集了各种各样的烹饪用品店。我们此行的目的只有一个：挑选一款可以做明石烧吃的好锅。我们心心念念的是，要用这口平底锅帮我们重温在当地吃明石烧时那种美妙的感觉。当时这口锅就静静地卧在令人激动的包装盒里，包装盒的颜色明艳极了，而且上面还封着胶带，似乎就等着有章鱼来下锅，可章鱼还在它自己的海洋花园中畅游呢，哪里会晓得我们脑子里正想的这些东西！

# 第 2 章 古代各大帝国的主食

# 第 2 章
## 古代各大帝国的主食

"帝国"这个词与粮食脱不开关系。上一章内容讲的是农业可能有哪些起源,以及从游牧传统到定居农业生活方式的转变。本章将以波斯帝国、罗马帝国和汉代中国这三个古代帝国为例,探讨主食、领土和身份之间的复杂关系。

人人都离不开粮食,正是粮食赋予了我们的食物特定的结构和连贯性,同时领土扩张和贸易也使得我们的饮食方式变得多样复杂。在英语单词当中,"帝国"(empire)这个词源自拉丁语"imperium",从定义上来看就是"对不同民族进行统治"的意思,无论是说在地理上相邻的大片区域,还是在几个分布很开的区域都是如此。"帝国"可以指没有文化霸权的政治和经济控制,就像罗马帝国一样,允许被征服的人民基本上照常生活,不过它也可能意味着一个群体

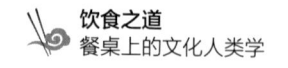

对另一个差异很大的群体实施的社会及文化霸权，就像中国汉朝时的情况一样。所有帝国政府都需要粮草来供养自己的军队和宫廷，并确保治下的臣民吃饱肚子。所以，帝国需要子民来交税纳贡。这意味着帝国需要构建一个由大量行政人员组成的复杂体系，来监督管理粮库、粮食运输和碾磨操作等工作，以加工好粮食，满足臣民的饮食需求。

本章将涉及大约公元前 550 年至公元前 330 年的波斯帝国、公元前 27 年至公元 1453 年的罗马帝国，以及公元前 206 年至公元 220 年的汉代中国。在罗马帝国，小麦是维持生计的主粮。汉代中国的主粮则是大米。小麦在波斯帝国曾是主粮，不过后来大米在波斯国内外获得了举足轻重的地位。我们将上述的三个帝国放在一起，观察一个粗略却很重要的比较点：就在每个帝国的中心地带和边塞之间，还有在皇权所在地和偏远省份之间（这些省份的居民按自己的风俗习惯种植、烹饪和饮食），在烹饪多样性以不同的方式发挥作用的同时，主食以相对的高效率养活了大量人口。定居农业出现后，帝国就成为可能，而游牧畜牧业却无法做到这一点，至于狩猎和采集就更不用说了。古时的帝国曾致使过许多民族变成定居的农民，而这往往并非这些民族的本意。

# 第 2 章
## 古代各大帝国的主食

当然,单靠主食是不够的。如果人们过度依赖主食,其他营养补充不足的话,就会引发身体疾病。坏血病(由缺乏维生素 C 引起)等营养缺乏病与摄入的热量多少无关。通常来讲,主要的主食是谷物(大米、小麦、玉米、黑麦和大麦),次要一些的主食包括根菜(土豆、山药和芋头)和豆类(蚕豆、扁豆、鹰嘴豆、豇豆、鸽豆和一种常作为牲畜饲料种植的野豌豆,不过人也可以吃)。主要主食和次要主食在所谓的"蛋白质互补作用"中共同发挥作用。在这种现象中,当豆类或豆科作物与玉米或大米等谷物结合时,人们从中摄入的必需氨基酸(蛋白质)会更多。尼泊尔的日常基本饮食——豆子汤(dahl)和米饭(baht),或者扁豆和米饭,就是这方面绝佳的例子。另一个典范是被称作"霍平约翰"(Hoppin' John)的美食,这道用豆类和米饭做的菜肴是新奥尔良市民在元旦这一天吃的。虽然现代的米饭和豆类已经过充分培育,与它们古代的祖先早已截然不同,不过蛋白质互补作用仍然适用。截至 21 世纪初,大米已是全世界最常见的主食,养活了全世界半数以上的人口,仅次于大米的主食则是玉米和小麦。

随着各帝国扩张版图,它们的主要农作物也随之传播到世界各地。毕竟,粮食不仅是人类生存的基

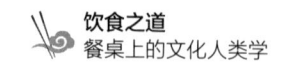

础，也是财富的源泉，因为粮食在收割之后可以被储存起来。在某些情况下，这使政府对其臣民的口粮有相当大的控制权，并可由此控制臣民的营养水平和自由程度。[1]早在钱币广为流通之前，帝国臣民就可以拿粮食来交税或进贡。粮食收成当时是帝国经济和政治权力的基础所在。

因此，主食经常从帝国的核心转移到不断变化的外围，并总是通过贸易、征服和与地方豪强做政治交易来被重新定义。尽管举国上下大家最爱吃的主粮可能不变，但整个帝国范围内各个地方烹制主食的做法千差万别。用什么调味料，还有最爱用什么酱汁和佐料，各有各的讲究。随着商贾到各地做买卖、兵卒和信使到各地公干，边陲地区也在影响着帝国人口和权力的中心地区。当年，在罗马帝国治下的中欧地区，当地有些农民可能会烘烤自己的脱壳荞麦，然后加盐干吃，而仅几英里①开外的其他农民的吃法就大相径庭：他们可能会用高粱糖浆或蜂蜜让自己的脱壳荞麦变甜，然后做成布丁来吃。就在被罗马帝国征服的其他地方被用作粮仓之际，东地中海地区改变了罗马人的饮食方式。历史上的埃及在波斯帝国的统治之下，

---

① 1英里＝1609.344米——编者注

以及后来在罗马帝国的统治之下,也是这样的命运。

对于一些帝国精英来说,消费象征性地代表了政治控制。罗马人通常认为被征服地区的饮食方式粗俗鄙陋,但如此"粗鄙"的菜肴当年却被堂而皇之地摆在了宴会桌上,为的是彰显帝国统治者威加四海。当然,当时精英阶层的饮食可选择的花样要比普通百姓多得多,他们可以大摆宴席款待客人,以此彰显自己有钱有势。在波斯,精英阶层可以命令劳工跋山涉水去采集稀有的草药。中国古代的情况与罗马帝国类似,仆人受命去山顶搬冰运雪,以供皇室享用冰镇美食。在罗马,统治阶级享有诸多特权,其中包括享用从帝国边陲之地带回来的孔雀、天鹅和香料等。因为古代禁奢令的缘故,奢侈食品变得更加奇货可居,社会底层的平头百姓即便买得起,也无福享用。迫于禁奢令的压力,纵使是豪门大户也不敢太过穷奢极欲,而这不过是为了体现表面上的相对平等而已。我们如今认识到的关于饮食的某些方面,例如菜肴与阶级、调味汁和社会阶层分化之间的相关性,在饮食历史的早期就已经有了。

费尔南·布罗代尔(Fernand Braudel)曾经指出:"几个世纪以来,人类一直受困于气候、植被、动物种群、农作物类型和缓慢构建的平衡均势等诸多因

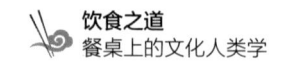

素。"[2] 换句话说，文化形式是在看似永久的地理限制内发端的。古时候，帝国及帝国的道路设施、军队、城市还有商业活动，堪称巨大的文化推动因素。通过它们，人们将不同的地理、植被、动物种群和农作物联系在一起，并了解彼此的饮食方式。随着帝国不断开疆拓土，我们缓慢形成的田野文化、厨房文化和餐桌文化之间的平衡开始发生巨变。

# 波斯帝国

当年曾统一了波斯帝国、号称"天下四方之王"的居鲁士大帝（Cyrus）死后大约一百年，希腊历史学家希罗多德（Herodotus）在自己撰写的著作中指出："没有哪个民族能够像波斯人那样乐于接受外国习俗。"就像其他历史学家一样，希罗多德的学问受教于希腊旅行者和上过战场的士兵，以及他自己的游历见闻。尽管希罗多德笔下的波斯饱受其他历史学家的质疑，在某些情况下的确与考古证据也有出入，但他叙述的内容仍然是具有重要意义的。这在一定程度上是因为波斯帝国并无自己的历史学家。在阿契美尼德王朝（Achaemenids，波斯帝国的另一个称呼，源自居鲁士大帝的祖先阿契美尼德的名字）的知识文化体系当中，没有给著史留一席之地，而波斯历代国王自己留下来的文字记述往往看起来有夸夸其谈之嫌，难免令人生疑。

希罗多德对波斯饮食推崇备至，将其奉为"文明的典范"。[3] 其典范意义在于，完美平衡了愉悦和克制之间的关系。鉴于希腊人普遍认为波斯人在设宴和开疆拓土这两方面都贪婪至极，这不由得令人啧啧称奇。波斯帝国是世界历史上首个疆域和威名都盛极一时的帝国。同样，其餐饮水平堪称欧亚大陆上"精致讲究的"高级料理，在烹饪史上占有特殊的地位。不过，像希罗多德力挺波斯帝国饮食的这种情况并非个例。相比起寻常饭菜，只要一想起波斯帝国的珍馐美味，就不禁令人赞叹不已，并且自然而然就会与波斯帝国本身的国力联系在一起。希罗多德指出，在波斯人看来，希腊人的饮食方式毫无节制，完全超出了果腹的基本生理需求。当然，对于希腊人不吃甜食这件事，波斯人也倍感诧异。在波斯人看来，倘若饭菜中没有甜食，简直是不可想象的。

以希腊人的观点来说，波斯人无异于一道烹饪谜题，因为波斯人的风俗虽有异域风情，却并不该被归入"蛮族"的范畴。希罗多德记述了波斯人和希腊人在饮食习惯方面的差异：前者节制有度，而后者则暴饮暴食。这可能纯属误会：因为希腊人还吃不惯美味珍馐，所以他们在富有的波斯主人的宴席上用餐时很难做到从容不迫。按照希腊人的习惯，第一道菜上来，他们能吃多少就会尽可能吃多少，因为他们并不习惯一道道上菜这种吃法。相比之下，每道菜上来，招待他们的波斯主人都会适可而止地尝几口，总是边吃边等着下一道菜上来。

在波斯帝国建立之前，波斯还是巴比伦和亚述的附庸。当时波斯人住在扎格罗斯山脉另一边的美索不达米亚平原的东部。他们是游牧部落的后裔，早期的饭食似乎包括用大麦、扁豆和野豌豆做成的粥。他们吃的乳制品是酸奶或用羊奶制成的奶酪。他们也吃牛肉、绵羊肉或山羊肉，做法或烤或煮。波斯人还喜欢享用杏仁等坚果、干枣和干杏等干果，以及各种香草。公元前550年前后，居鲁士大帝征服了美索不达米亚地区，确立了自己在波斯帝国的政权领导地位。在居鲁士大帝开疆拓土的过程中，他让波斯人以及被他们征服的从事农耕的定居者们进行杂居，以便各方交流融合，范围从西边的爱琴海沿岸，一直到东边的印度河。小麦很快成为他们的主要作物。波斯帝国疆域曾包括今天的美索不达米亚地区、叙利亚、埃及，以及土耳其、印度和阿富汗的部分地区，并

## 第 2 章
### 古代各大帝国的主食

在所谓的"伯里克利时代"（Age of Pericles）盛极一时，而学术界通常都认为该时代正值雅典希腊文明的巅峰时期。波斯帝国最终是通过四大都城，即帕萨尔加德（Pasargadae）、巴比伦（Babylon）、苏萨（Susa）和埃克巴坦那（Ecbatana），以及位居正中的宫城波斯波利斯（Persepolis）来管辖。波斯帝国征服了新月沃地，这片区域受底格里斯河（Tigris）和幼发拉底河（Euphrates）的浇灌和滋养，是最早驯化小麦和大麦的地区之一，也是早期驯化动物的地带之一。波斯帝国幅员辽阔，为打造出多样、丰富和均衡的美食创造了绝佳的条件，无论在文化还是在生态方面均是如此。

希罗多德以如下方式记录了波斯帝国早期三位"伟大帝王"的王位交替：居鲁士大帝是缔造波斯帝国大一统的开国之君，继承居鲁士大帝王位的是其子暴君冈比西斯二世，以苛政闻名于世。不久之后，大流士一世登上帝位，他以重商兴利而闻名，这主要归功于他推动的行政改革，为波斯帝国数代经济结构奠定了坚实基础。在大流士一世统治期间及之后的时间，波斯人通过军官和总督（波斯帝国利益的代理人，职权凌驾于地方长官之上）管理他们的帝国（波斯帝国征服了二三十个国家，并将这些国家改编为波斯帝国的行省）。正如历史学家皮埃尔·布莱恩特（Pierre Briant）所指出的那样，波斯人管辖被征服国家所采用的战略方针强调老百姓应照常生活，而不是让当地百姓迁离故土或重新全面安置。[4] 波斯人无意全盘取代地方行政体制，而是倾向于在官员愿意效忠和纳税的情况下让原有政府照常运转。只有在犯上作乱的地区，或是地方豪强扬言要挑战帝国权威的情况下，波斯帝国的国君才会采取非常手段。

尽管大流士一世建立了以阿胡拉·马兹达神（琐罗亚斯德教的最高主神）为主神的波斯帝国国教，但之后波斯帝国的各位皇帝对文化或宗教霸权兴趣不大。鉴于波斯帝国疆域辽阔，跨越众多民族居住地，语言多种多样，所以波斯帝国的官方文件有多种语言的版本，包括埃兰语（Elamite）、波斯语（Persian）和阿卡德语（Akkadian）。波斯皇帝并未强迫其治下的其他民族的臣民统一使用波斯语。向波斯皇帝进献的贡品源源不断地流入宫廷，常常是各种食品：面包、酒、盐和其他便于出行携带的干粮。波斯波利斯王宫始建于大流士一世执政期间，后由其子薛西斯（Xerxes）最终竣工完成。其中，阿帕达纳宫浮雕（Apadana Reliefs）展示了人们用各种容器载着美酒美食而来的场面。希腊历史学家和哲学家普鲁塔克

## 第 2 章
### 古代各大帝国的主食

（Plutarch）评论说，薛西斯当年如果没有先征服出产无花果的地区，他是万万不可能吃上无花果的。

当波斯人建立自己的帝国时，他们从归顺的民族那里吸收了农业技术，首先是在农业技术水平上更先进的埃兰人（Elamites），这个种小麦的王国位于亚述和巴比伦的东南部。小麦主要被做成面包来吃，很快就取代了大麦在波斯饮食中的地位。对于用自己的文明标准来衡量世界的希罗多德来说，农民相比牧民而言层次更高。因此，在他看来，波斯人从祖先流传下来的游牧生活方式转向农耕生活方式，实现了文明的伟大飞跃。虽然其中一些农活是由奴隶来做的，不过大部分农活都靠的是享有自由身的农业劳动者。据希罗多德记载，富足的波斯人伙食特别好，他们烤牛肉、骆驼肉和驴肉吃，边吃肉边用"来通杯"（rhyta）畅饮葡萄美酒。所谓"来通杯"是一种角状杯，被做成动物角的形状，在地中海东部一带被广为使用（把波斯人想象成酒鬼这一有争议的传统由来已久，这点就连希罗多德也不能免俗）。波斯人还酷爱吃甜食，这一点是出了名的。不过，这可不只是因为甜食美味可口那么简单。就像整餐饭一样，甜食也是一种社交展示的手段。若主人家端上来大量肉菜，固然可以展示出其财力雄厚，而如果用富含糖、蜂蜜或香料的甜

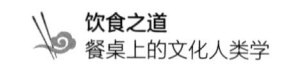

点来招待客人，也可以起到同样的效果。

在埃及，尼罗河滋润了大片农田，非常适合种植小麦，此地当年也成为波斯帝国的粮仓，后来它又变成了罗马帝国的粮仓。从古波斯语的"面包"一词来看，似乎表明当初波斯人烘烤面包有两招：一招是"无遮无盖"或者说是"裸露在外"的烤法，即直接将面包放在某种烤箱中烘烤；另一种则是将面包"掩埋"在灰烬中烘烤。据许多考古学家猜测，无须烤箱即可烤制面包的做法是最早的面包制作方法之一。正如雅诺斯·哈马塔（János Harmatta）在一篇关于波斯面包的重要文章中所指出的那样，改进我们烘烤面包的方式通常涉及采取以下其中一种途径：改进我们烘烤面团的工具和技术（使用更好的烤箱、锅或盘子），或是通过酵母发酵来改善面团本身的质量，因为酵母可使面包略微变酸，在使面包变得蓬松的同时保持其新鲜度。[5] 在许多情况下，早期的面包师会将两种方法一起使用。有证据显示，波斯人当年使用的"烤箱"，可能起初只是黏土烘烤容器，然后这种使用烤箱的做法才逐渐在波斯帝国全境传播开来。看来他们应该走的是改进烘焙工具和技术的路数。不过，虽然波斯帝国治下的一些地区，如美索不达米亚，很早就会使用发酵技术，但他们未必一定用的就是酵母这

# 第 2 章
## 古代各大帝国的主食

种介质来改进面团本身。有证据表明，包括烹饪技术在内的波斯物质文化不仅只在波斯帝国内部发展，更是传播到了东欧和南亚的部分地区。"naan"（馕）是波斯语中表示面包的众多说法之一，它的传播范围甚广，并且与孟加拉语、印地语、旁遮普语和普什图语中表示面包的现代常用词非常相似。

希腊军事家兼哲学家色诺芬（Xenophon）曾对波斯皇帝居鲁士大帝的正式晚宴有过描述，由此，我们可对这位精明强干的统治者探知一二：他深谙帝王之术，极有手腕，连谁坐哪个位置、该给谁上什么菜，都尽在他的掌控；宫廷内外和手下官员无不是他最器重之人，[6] 他的赏赐隐隐透着帝王霸气，即便是再小的礼物，都让受赏者知道要对皇帝尽忠职守。不过，波斯宫廷的正式用餐（御膳或其他）并不仅仅是关于权力、财富或社会等级的，因为波斯帝国很难说是一个世俗社会，所以其膳食自然也少不了象征性的宗教共鸣。古代波斯的宇宙观认为，凡间是"堕落的"，不过只要多行善事，匡扶正义，就可以得到救赎。在波斯人看来，生食和熟食之间的界限，就是世风日下和拨乱反正之间的界限。烹饪食物（波斯语为 pac）并使其可食用，其象征意义就是为了救赎堕落——这就是火的力量。波斯人认为奶出自母体，所以"本就能直接喝"。各种食物也被赋予各自的象征意义：鸡蛋让人想起宇宙这个浩瀚的球体；因为公鸡会在黎明时打鸣，所以公鸡会与光明联系在一起。波斯人通常鄙夷吃生食和暴饮暴食，这一点无论希腊人怎么解释他们都听不进去。然而，丰盛的食物就意味着有权势。希腊人波利埃努斯（Polyaenus）曾描述过居鲁士大帝的一顿丰盛晚餐，文中是这样写的：晚餐有各种小麦面和大麦面做的食物，肉食包括牛肉、马肉、公羊肉和各种飞禽肉，还有用乳制品、干果和坚果做的蛋糕。显然，波斯帝国的"御膳房"宽敞至极，大厨云集。许多食客共享这些丰盛的晚餐，它绝不仅是一场味蕾盛宴，同样还具有社会或政治的功能。

从波斯波利斯发现的一套行政文件，即《波斯波利斯要塞泥板文书》（*Persepolis Fortification Tablets*）来看，波斯帝国采用了一种配给制度，其中王室的粮仓和仓库会根据等级高低，按比例给子民分配食物和其他物品，上至宫廷成员，下至手工业者、农民和其他体力劳动者，均是如此。正如宴会上奢华的珍馐美味象征着居鲁士大帝这位"天下四方之王"的慷慨大方一样，配给制度也是如此。在这样一个完全组织化的经济体系中，粮食往往由国家直接控制，帝国的权力与民众的日常生活息息相关。在整个帝国历史

# 第 2 章
## 古代各大帝国的主食

中,从大流士一世统治时期开始,波斯人就致力于改善植物性食物的供应,开辟兼具实用意义和象征意义的菜园,以代表类似人间天堂的气象。这些菜园的用水来自复杂的灌溉系统,其中经常种着美索不达米亚和波斯的各种植物,包括波斯人无论走到哪里都会种的葡萄。波斯人用稻米做吃的东西有不少花样,并且他们日益认识到水稻脱壳后的大米是另外一种主食,与来自印度的小麦一样都很重要。一直到了中世纪后期,大米在波斯的受欢迎程度才胜过小麦,此后大米在波斯的饮食中一直都不可或缺。另外还有一些来自印度的甜食,例如油炸后浸在糖浆里的 jalebi(印度油炸糖耳朵)传到波斯后变成了 zulbia(炸糖浆甜面圈)。它是叙利亚人、亚美尼亚人和其他地方人所说的 zalabiam(一种油条或甜甜圈)的鼻祖。现代欧洲对食物有甜食和咸食之分,将甜食放在餐后来吃,并且只有某些菜肴里有甜食。不过,这种做法当年在波斯并非主流,波斯厨师经常用糖、蜂蜜或水果来给咸口的菜肴加入甜味。

波斯人还发明了哈尔瓦酥糖(halva),这是一种与当今整个中东都有关的食物,通常是用芝麻酱、蜂蜜和开心果做成。波斯哈尔瓦酥糖里面还可能有枣子、核桃、玫瑰香料和藏红花粉。波斯冰冻果子露

（shabats）是现代果子露和果汁冰糕的鼻祖，原料是新鲜水果的果泥或花瓣的花泥，有时被加水或冰镇做成饮品，或与奶油或酸奶一起做成甜品。醋蜜饮（sekanjebin）是一种用醋、薄荷、糖或蜂蜜与水混合制成的浓糖浆，似乎在波斯各位皇帝的宫中曾备受青睐，是适合在富丽堂皇的"天堂般的"皇家园林中啜饮的午后清凉饮品。后来在罗马帝国流行的受阿拉伯影响的菜肴中，仍旧可以看到这种饮品的影子。很久以后，在西西里岛、撒丁岛和西班牙南部甜酸口的当代美食中，也可见到它的影子。后来的阿拉伯学者经常说本民族的不少菜肴最早源自波斯菜，例如 zirbaj，这道菜是用醋和糖烹制而成，不仅有菜有肉，还有乳香脂、香菜、肉桂、生姜、胡椒和薄荷。[7] 他们还借鉴了波斯关于食物如何作为药膳发挥疗效的想法，而这些想法也成为他们自己"食疗"系统的基础。他们将食物和药物视为统一体，根据"温性"物质和"寒性"物质的原则来进行调配。所谓的"温"与"寒"与温度无关，而是与它们对身体的影响有关。以核桃石榴炖鸡（fesenjan）这样甜味和咸味兼具的菜肴为例，这道鸡肉菜肴中既有核桃（"温性"），也有石榴籽（"寒性"），搭配合理有度，有助于维持身体机能的平衡。其中一些菜肴和做菜的原则最终也出现在罗

# 第 2 章
## 古代各大帝国的主食

马的饮食方式中。

波斯帝国被亚历山大大帝（Alexander the Great）灭亡之后分割成多个王国。一些历史学家认为，正因为亚历山大大帝基本继承了波斯帝国的制度，所以称其为"最后的阿契美尼德王朝"（Last of the Achaemenids）也不为过。[8] 不过，波斯帝国在美食烹饪方面的影响力源远流长，绵延数代。一种通常被称为"karyke"的酱汁堪称其中典范——这种酱汁是以蜂蜜和葡萄汁或醋为底，用面包屑增稠，用香草调味。在古代的时候，整个地中海地区都喜欢吃这种酱汁。虽然希腊人也吃这种酱汁，但许多希腊人依然对他们认为波斯饮食过于放纵的地方大肆抨击。这样一来，跟希腊人情有独钟的清淡饮食习惯相比，波斯的高级菜肴反倒成了陪衬。在希腊人看来，波斯人在宴会上的胃口极好，这与波斯人极强的征服欲有一拼。相比之下，希腊人在吃喝上颇有节制（注意，这种说法与希罗多德的观点可谓是大相径庭），而且开拓疆土的野心也没有波斯人那么大。[9] 当然，并非所有的希腊人都是这么想的，一些更有财力的希腊人效仿波斯美食的烹饪手法，而以斯巴达人为代表的一些人则是对美食珍馐不屑一顾——正如柏拉图在约公元前 370 年前后所著的《理想国》（*The Republic*）中对精美考究的菜肴毫不留情大肆批评一样。虽然他并未指名道姓,其实矛头针对的就是波斯人。[10] 具有讽刺意味的是,在波斯帝国被亚历山大大帝征服之后,雅典等希腊较富裕的城邦开始琢磨自己的高级菜品,这些菜品在酱汁制作方面就师承于波斯菜。希腊人对波斯美食的这种回应方式,开启了西方对饮食思考的一种传统:一种想法是热切希望享用美食的热望,另一种想法则认为吃喝不宜过于铺张。这两种思潮往往并存于世。

## 罗马帝国

公元前50年,古罗马已彻底征服高卢,其中就包括如今位于法国南部的一个高卢人小村庄。当年此地居民的饮食不如征服者那么讲究,当然这种情况后来已慢慢改变。[11] 正如希腊人波西多尼乌斯(Posidonius)评论高卢人时所说的那样:"在他们的饮食当中,面包吃得不多,倒是酷爱肉食,要么煮着吃,要么在木炭上烤着吃。那些住在河边或家在地中海或大西洋附近的高卢人还吃鱼,即加盐、醋和小茴香当佐料的那种烤鱼。"[12] 他指出,与当时的希腊人或罗马人不同,高卢人橄榄油吃得不多。就像早期的

# 第 2 章
## 古代各大帝国的主食

罗马人和希腊人已经做的那样,高卢人的大部分谷物都用来煮粥吃。他们也使用钟形烤箱来烘烤小面包,这与意大利罗马烘烤的面包区别不大。开始的时候,高卢人一般家家户户都是自己烤面包吃,随后独立的面包店开始出现。他们沿用的就是罗马的做法:大多数罗马人都不自己动手烤面包。到了公元 25 年,罗马帝国对商业磨坊和面包店进行了监管,结果这些磨坊和面包店交相融合。罗马城中约有 300 家面包店,每家店每天烤制的面包足够 3000 人的口粮。向公民发放谷物或面包就成为掌管食物分发的罗马行政系统的核心工作,这样做不仅是为了确保人人都有食物可吃,还因为若是粮食供应不足,会酿成可怕的政治风波。[13] 许多职业面包师都是已获自由身的奴隶,尽管日常的食物都要靠他们来做,可他们的社会地位却很低下。在罗马帝国的历史上,曾多次遭受食物短缺和饥荒的困局,由此可见,粮食充足至关重要。

罗马帝国统治的疆域一直向西延伸到不列颠群岛和西班牙,其疆域向东包括亚美尼亚和美索不达米亚。罗马的统治范围向南延伸到撒哈拉沙漠,向北则到达苏格兰以及莱茵河-多瑙河日耳曼边境。罗马人在帝国全境对文化多样性持包容的态度——在罗马帝国的欧洲疆域向北行去,沿路居民牛奶、黄油和肉类吃得越来越多，啤酒就更不用说了，这是再自然不过的事情。不过，罗马文化在以下几个方面对帝国产生了普遍的影响：语言、民众祭祀等风俗习惯，以及烹饪和饮食。除了他们做面包的手艺，还有闻名于世的修建道路技术都在帝国疆域内广泛传播。除此之外，罗马人还将橄榄和葡萄带到各地，只要气候适合的地方，无不种下橄榄和葡萄。在北非，埃及起到了粮仓的作用，特别是在意大利的大部分土地已经不够罗马人种粮，他们将自己烘焙主粮的各种方法传到了全欧洲之后。

不过，罗马人并非做面包师傅起家的。生活在罗马帝国治下意大利的小农户们种的是大麦，这种大麦在意大利的土壤中长势良好。他们将其煮成一种名为"puls"的粥，就像希腊人做的那样，毕竟大麦在希腊的大部分地区也长得不错。这种早期的罗马大麦粥的做法可能类似于当代的玉米粥，不过玉米这种谷物直到 15 世纪开始的哥伦布大交换（Columbian Exchange）才到达欧洲。就像希腊人将谷物（他们的主食，被称为 stipos）与蔬菜、鱼、奶酪或橄榄等"附加物"（opson）分开一样，早期的罗马人可能也在粥里加了些东西。老卡托（Cato the Elder）在大约公元前 160 年撰写的文章中提到过一道用奶酪、蜂蜜

## 第 2 章
### 古代各大帝国的主食

和鸡蛋制成的豆类菜肴。关于罗马面包烘焙起源的一种理论认为,早期的罗马农民可能用二粒小麦来熬粥,这东西经过脱粒和烘烤后可能会变成一种扁平却松软的面包,类似于当代的佛卡夏面包,适合蘸酱汁或蘸奶油吃。二粒小麦和大麦都不适合用于烘烤发酵的面包,因为它们缺乏能形成蛋白质的那种面筋。最终,罗马人开始培育一种新的小麦,即软粒小麦(triticum aestivum),其面筋蛋白更有筋道,且能更好锁住气体,利于面包发酵。

在罗马帝国的鼎盛时期,由多种多样面团制成的面包种类繁多,为罗马帝国的餐桌增光添彩。有一些类型的面包是派作特定用途的,例如久放不坏的面包,专为行军的士兵或航行的水手准备。还有更讲究的面包,是用精炼的白面粉精心制作,或是加入了蜂蜜、牛奶或酒,甚至蜜饯、奶酪或非常贵重的胡椒,主要面向富贵阶层。当时,胡椒是从印度进口的,是罗马厨房和餐桌上最顶级的香料。在罗马帝国的乡下,穷人用全谷物来烤面包,会在其中加入磨碎的豌豆、豆类、栗子或橡子。圆形是面包最常见的形状,这种形状的面包很扁平,在烘烤前被切成四半,这样烤好后更容易被分食。人们在庞贝古城的废墟和火山灰中发现了这种面包的遗迹,保存得十分完好。很多面包都是用古罗马大铜盘（patina）做的，这是一种平底锅，可以放在火上或烤箱中来用。

在高卢，与乡下比起来，罗马化程度更高的地区，罗马殖民者和正被罗马同化的高卢人的饮食方式反映了罗马文化常规的样子，例如使用烹饪和饮食来体现阶级、社会影响力和权力的差异。罗马富人吃的食物与罗马穷人吃的食物相比，其中的差别可不只是量多还是量少那么简单。事实上，罗马帝国的富人吃的菜肴与穷人吃的完全不同。在整个罗马帝国范围内，已经被罗马同化的当地人开始通过饮食来表现出典型的罗马社会分化模式。在高卢的乡下，从来没有表现出古典罗马式饮食方式的"高""下"之分。他们的饮食确实爱用罗马酱汁，例如用发酵的鱼做的加鲁姆酱汁（garum），并且他们也开始食用橄榄油。考古学家在整个地区都发现有双耳陶罐碎片的遗迹，证明确有这些变化。当年罗马人就是靠着这些双耳陶罐，在整个帝国范围内装运那些价值不菲的酱汁或食用油的。我们对罗马人如何改变整个帝国饮食习惯的发现再次表明，罗马人带来了新的种植、烹饪和饮食方式，并以一种独特的罗马风格为他们的臣民提供食物。这种变化是通过接触而逐渐发生的。

如果说小麦是罗马人最重要的吃食，那么仅次于小麦的就是橄榄油和葡萄酒。无论是富人的珍馐，还是穷人的陋食，都少不了它们。发酵的鱼制品也是如此，最著名的是加鲁姆鱼酱，其中也包括鱼酱过滤之后得到的液态汁（liquamen）、腌鱼过滤出来的盐水（muria）和鱼酱滤过之后的残渣（alec）。当年没有冰箱，因此像油、酒和加鲁姆鱼酱这类东西异常贵重。当时的人主要靠吃面包过活，而橄榄和鱼则为他们提供了必要的营养。人们普遍认为当时的鱼酱与现代的东南亚鱼露非常像，例如泰国鱼酱（nam pla）和越南鱼露（nuoc-mam）。这些酱汁的制作工艺是一种受控的酶自溶反应。许多类型的鱼被分层码放在装有盐的容器中，鱼中的酶会启动自溶反应，因此鱼肉会分解，大部分会变成液体，而不会变质。[14] 持续高温加热和大量用盐，对于保持物质的生化平衡是必要的。正因为如此，过去的鱼酱和其他的鱼露通常都产自地中海沿岸、气候炎热国家的沿海作坊。庞贝古城以及如今的摩洛哥、利比亚和西班牙昔日的城邦也产加鲁姆鱼酱，运送双耳陶罐的船只在地中海一带川流不息。值得注意的是，生产加鲁姆鱼酱和橄榄油的作坊给罗马帝国的消费者送去的并不算是"本土"美食，只能说是罗马帝国自己的美食，只不过这些美食碰巧产自罗马帝国治下的各个地方而已。由于从事加鲁姆

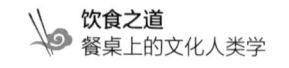

鱼酱贸易的缘故,地中海沿岸的罗马贸易站和商港变得极为富足。这种鱼酱当年在罗马人的餐桌上随处可见,不过有时候也奇货可居,价格不菲,可以说它在某种程度上促进了罗马帝国皇权的影响范围——这堪称是美食为帝国殖民提供经济助力的典范。

古罗马人将加鲁姆鱼酱当作佐餐酱来食用,除了将这种酱添加到食物当中,还添加到其他的酱汁中(例如,加鲁姆鱼酱与葡萄酒混合可造出 oenogarum,即所谓"加酒的鱼露"),通常弄得比波斯人的做法还要复杂。可能用到的原料包括哪里都有的胡椒、茴芹、芹菜籽、香菜和小茴香等干香料,还有坚果和干果,以及鲜香草、像加鲁姆鱼酱这样的预制酱汁、橄榄油或蜂蜜、鸡蛋或小麦粉。[15] 如果要说古罗马烹饪中哪种口味最突出的话,可能要算是酸甜口。一般来说,从我们对古罗马人烹饪方式所了解的情况来看,他们的菜肴反差鲜明,在富人的餐桌上更是如此。因为当时还没有糖,所以全靠蜂蜜和水果来提供甜味。

古罗马人所到之处,不仅带去了烘焙技术、葡萄和橄榄,还将杏仁、杏、樱桃、桃子、榲桲和枸杞带到了北欧。除此之外,他们带去的东西还有蚕豆、扁豆(就拿如今矗立在梵蒂冈圣彼得广场的埃及方尖碑来说,当年古罗马人是用船把碑运过来的,同船一道而来的还有 12 万份扁豆），以及甜菜、卷心菜、甘蓝菜、羽衣甘蓝、水萝卜和萝卜。他们擅长种植菊苣、阔叶菊苣和青葱，而最喜欢吃的则是猪肉。罗马自然科学家老普林尼（Pliny the Elder）这样写道："没有任何肉类带给味蕾的体验能比猪肉更多——猪肉有将近五十种口味，而其他肉里只有一种口味。"[16] 不过，古罗马人也吃牛肉、绵羊肉和山羊肉，以及个头较小的哺乳动物，例如睡鼠（在专门制造的特殊容器中饲养）和兔子。他们还吃很多种海鲜，包括鱼、鱿鱼和各种贝类等。[17]

幸运的是，数不胜数的古罗马人曾不惜笔墨，写了很多关于他们饮食的篇章，其中有一处文献更是不容忽视的：这就是古罗马食谱籍《论烹调》（De Re Coquenaria）。学术界通常都认为这部书是阿皮修斯（Apicius）编著的，尽管到现在还不清楚他到底是历史人物还是神话人物，但并不妨碍人们将许多烹饪技艺和对美食热爱的功劳都算到了他的头上。[18] 据说阿皮修斯非常富有，对生活品质和珍馐美味太过于讲究，可惜后来家道中落时，他却未能节欲修身，而是含恨了结了残生。当然，故事里是这样说的。《论烹调》中的食谱实际是用拉丁语写的，但用的词并不难，就像没受过什么教育的厨师可能会用的那种语言。不仅如此，此书文风多样，这说明作者可能不止有一位，也就是说此书有可能是多人编写的食谱集锦。修辞学家西塞罗（Cicero）将"厨师"这一职业列入他认为"不入流"的"行当"，因为在他看来，干这行的人就是"为了让别人高兴而伺候人的，相关的行当包括鱼贩、屠夫、厨师、家禽养殖户，还有渔夫"。[19]

在古罗马精英阶层的家中，烧菜做饭基本上都是由来自罗马帝国各地的奴隶完成的。不过，要想做出高贵精致的古罗马风格晚餐（古罗马家庭一天中最隆重的一餐饭，被称为convivium，也有"生活在一起"的意思），光是知晓原料、厨艺用具和菜谱知识还远远不够，还需要对古罗马人所喜好味道的细微之处了然于心，其中一个标志性因素就是要能在该奢侈还是节俭之间小心平衡。纵观古罗马的饮食史，节俭与奢侈之间赫然对立，一如熟悉与新奇、本土与异域之间的关系。不过，这些对立也是相互一致的，因为当年古罗马人既欢迎与古罗马早期有关的食物，也欢迎古罗马国力和帝国扩张所涉及的食物。

古罗马人，尤其是我们最了解其美食生活的古罗马精英阶层（不出意外，他们留下来的文献资料比穷人的多），他们的饮食方式所受的影响是既不要太简单，也不要太复杂。此外，他们倾向于从道德角度

## 第 2 章
古代各大帝国的主食

来考虑自己的选择。事实上,他们倾向于从道德角度对文化和社会生活的许多方面进行评判。当时一些罗马作家将某种有益的简单饮食的功劳算在他们祖先的头上,并认为当时的饮食习惯受到异域的荼毒——虽然异域影响是罗马帝国扩张的直接结果,因为罗马人的铁蹄所到之处,被征服地区的菜肴最后都会传到罗马。历史学家苏托尼乌斯(Suetonius)对奥古斯都皇帝(Emperor Augustus)节制简朴的饮食赞不绝口:"他更喜欢平民吃的食物,尤其是粗面面包、银鱼、新鲜的手工奶酪。"[20] 罗马帝国富人阶层的菜肴非常讲究,他们以此彰显自己的社会地位。这些菜肴中经常可以见到异国风味的食材。有时就在同一顿饭上,这些富人同时想表达出对脑海中旧日厉行节俭之风的崇尚之情。通过老普林尼的著作,我们对昔日罗马帝国的一场盛大晚宴可以略知一二:富有的主人家为自己和几位朋友准备了奢华的珍馐美味,而他的其他客人则吃得很简单。显然,无论这顿饭看起来有多么令人不解,主人家都费尽了心思,为的就是一餐饭能做到两全其美,宾主尽欢。尤维纳尔(Juvenal)当年用的是我们现在所说的"从农场到餐桌"的方法,派专人从他位于意大利蒂沃利(Tivoli)的农场把新鲜的肉类和蔬菜送到罗马。这样一来,他不仅博得了"自家农场出品"的勤俭声誉，还透着一股主人家有能力供应珍馐美味的练达。他仿佛是在强调一桩要事：勿忘古罗马的农业历史，勿忘种植庄稼的田地。值得注意的是，虽然从罗马帝国边陲传过来的异域美食可能会出现在富人阶层的宴会桌上，但这些菜肴却几乎并未动摇过罗马帝国饮食的根本。这些异域美食之所以会出现在罗马精英阶层的餐桌上，与为罗马皇帝护驾的武士可能来自帝国各个地方的原因如出一辙，都是为了彰显罗马皇帝威加四海、八方臣服的实力。这里有历史的回响：有人说罗马本身的发展就是始于盐，当年商队在台伯河畔中途歇脚的村落，后来成为罗马这座"永恒之城"。罗马可以说是从进口香料开始起家的。

你可以将罗马饮食方式中的核心称为"可区别的口味"，这种做法讲究在用餐时把多个社会阶层的各种食物交替端上餐桌。"可区别的口味"是一种沟通彼此差异的方式，包括我们在社会等级中的相对地位。这就是被罗马同化的高卢人当年的发展方向，因为他们不仅从罗马人那里学会了如何种庄稼和做面包，还领悟了罗马人对食物含义的看法。当年，整个罗马帝国范围内都在发生类似的转变，改变了整个欧洲、整个地中海地区以及其他地区对食物的定义。就

## 第 2 章
### 古代各大帝国的主食

时间顺序来说,波斯高级料理可能是世界上最早的高端料理之一。不过,在罗马帝国的统治之下,高端烹饪的理念成为一种穷人富人都能分辨出的饮食语言。罗马帝国的社会阶层相对固定,因此在出生那一刻,一个人在社会秩序中所处的地位就已经被确定了。不过,人们饮食的方式是很难控制的。即便是平民百姓,只要有钱,比如发家致富的商贾,照样可以效仿自己所处社会的"上层人士",像他们一样讲究吃喝。当时禁奢令很常见,这表明官方对阶级界限深感忧虑。从理论上来说,这些法律使平民无法像精英阶层那样想吃什么就吃什么,不过违反禁奢令的大有人在。

古罗马的宴会颇具传奇色彩。典型的宴会都会上很多道珍馐美味,菜肴越奢华稀有越好,因为宴席开得越久,主人家的名气也就越大。古罗马宴会自有其章法可循,包括几个级别或分几个阶段:第一道菜上的是开胃小吃(gustatio),其中包括几样简单的开胃小菜,可能有贝类、沙拉、腌制蔬菜,尤其是培根和咸鱼等腌制食品,能帮着开胃和下酒。在开胃小吃当中,橄榄和面包总是不可少的。上这些开胃小吃佐以美酒,是为了接下来吃大餐做准备。

第二道菜是主菜,被称为"第一张桌子"(mensa

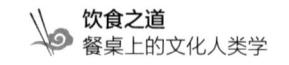

prima），由数道精美菜肴组成，意在让人触目难忘。看到这些菜，总是令人不禁想起罗马帝国的广阔疆域。其中一些是炒菜，与中国菜很像，不过也可能并非来自中国。其他菜品可能包括非常奢华的大菜，例如鹦鹉脑髓或烤长颈鹿肉，主人家非凡的财力借此一览无余。（罗马人特别爱吃鹦鹉，视其为异域珍馐。鹦鹉原产于大多数大陆，可偏偏欧洲大陆没有原生鹦鹉。亚历山大大帝的军队于公元前327年在印度发现了这种动物，鹦鹉很有可能就是被他们最早带到欧洲的。）[21] 任何一个高潮迭起的演讲，最终都是为了赢得满堂喝彩。独具创意和出其不意的做法在宴席上很重要，整场宴会犹如剧场大戏般精彩不断。奴隶们上菜时可能会载歌载舞。酒宴的设计者和能工巧匠可能会造一条溪流，做熟的鱼漂浮其中，仿佛在游动一般。上菜的容器虽然可能看似平平无奇，可呈现的菜品却简直巧夺天工或奢华至极，令人叹为观止。在罗马宴会上就餐，满足的绝不只是口腹之欲，更是听觉和视觉的盛宴。这不仅仅是一场饕餮盛宴，更是一种纵情享乐。

接下来这道菜被称作"第二张桌子"（mensa secunda），也由数道菜组成，通常都是甜食。罗马人和波斯人一样，不会等到餐后才吃甜食。这一轮上的

## 第 2 章
古代各大帝国的主食

菜意在展示糕点师和烹饪大师的看家本领。餐桌上会摆满水果、坚果、枣子、蛋糕、杏仁糖、蜂蜜面包，以及带碎坚果和蜂蜜的糕点〔与蜜糖果仁千层酥（baklava）很像〕。每年，豪门大户会择时派奴隶上山采冰，制成冰激凌、冰糕，或者加糖浆和水果的刨冰。在罗马帝国朝臣盖乌斯·佩特罗尼乌斯（Gaius Petronius）所著的《萨蒂利孔》（*Satyricon*）一书中，就描述了此种宴会的盛况。宴会间，主人家呈上了生殖之神普里阿普斯（Priapus）的雕像，雕像的性器官部分是由甜品和面包制成的，客人们可以大快朵颐。席上，除了各式珍馐美味之外，火盆中还燃着香草、香料和干花，香风阵阵、沁人心脾。其中一些是为了烘托氛围，而另一些则是为了帮助消化。但凡个中行家，都会沉醉于嗅出其中各种香气的独特感觉。罗马精英阶层对嗅觉和味觉都很在行，绝非寻常百姓可比。当时的宴会堪称是一门培养品味和积累文化资本的艺术。

值得注意的是，宴会与狂欢的传统毫无关系。狂欢注重的是兴高采烈的仪式舞蹈，而非味觉或性欲上的穷奢极欲；狂欢注重与神灵沟通，而非与人相交。事实上，无论宴会有多么盛大奢华，古罗马人都不失含蓄内敛，努力做到奢侈有度。这不仅是一种个人美

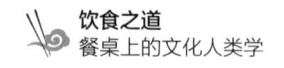

德，也是一种政治美德：隐隐透出帝国克制内敛的气度，不经意间尽显帝国的权势与财富。

# 汉代中国

要想写中国古代的饮食方式，就意味着要弄清一套被广为接受的现代观念。文人墨客常说，自古以来，中国是一个人人都讲究饮食的国度。中国要供养的人口太过庞大，总是面临人口不断增长的压力，古时候闹饥荒是常有的事情。因此，在中国不管什么样的动物或植物，只要能吃，都会被端上餐桌。林语堂这位受过西方教育的20世纪语言学家、哲学家和作家就曾这样说过："中国人爱吃螃蟹不假，可若是生活所迫，吃草根啃树皮也不在话下。"[22] 他还曾说过："在说英语的那些国家，大多数自诩严肃的知识分子根本不屑于动笔写吃喝之事，而中国的文人墨客撰文盛赞饮食早已有数千年的历史。"中国历朝历代都允许甚至鼓励学者、诗人和思想家颂扬饮食文化。例如，公元3世纪的时候，晋代文人束皙专门写了一篇《汤饼赋》来赞颂面条和饺子。在中国，什么时令该吃什么食物，也是很有讲究的。[23] 据说，中国拥有世界上最经久不衰的文明，通常认为中国的饮食传

## 第 2 章
### 古代各大帝国的主食

统可以追溯至原始时代。对此，考古学家张光直（K. C. Chang）曾说过："很少有其他文明像中华民族那样'以食为天'，而且这种'以食为天'的文化似乎和中国文化本身一样源远流长。"[24]

不过，我们需要对这些既定观念持保留态度。饮食在中国文化中的突出地位确实既真实又古老，不过，中国历史的特点是政治不连贯，并且这片广袤的土地具有多样性，而这种多样性在一定程度上是由中国的地形地貌所致。在汉朝的时候，中国将截然不同的各种饮食文化汇聚在一起，不过这些饮食文化并没有因此而同质化。如果要谈论中国的饮食文化，就必须处理好统一性和多样性的关系，就像波斯帝国和罗马帝国的情况一样。茶、酱油或豆腐这些耳熟能详的在中国餐饮中具有代表性的食物都并非恒久不变的。所有这些食物都是长期发展而来的，如今若是没有如此多样化的中国美食，简直是不可想象的。

中国的汉族菜肴中也不乏矛盾冲突之处。就像在罗马一样，充满异国情调、来自异域的珍馐美味可以彰显权力，可中国古代朝廷的哲学和道德观要求饮食需要适度表现出田园式的简朴和节俭。所以在极尽奢华的同时，理想化的乡村味道也不可少，包括诗人和哲人在内的中国士大夫阶层可能通过吃粗茶淡饭来追忆这种生活方式。中国古代先贤常说，穷奢极欲和铺张浪费非君子所为，他们不喜欢太过精细的饮食，还对来自边陲和异邦的食材不屑一顾。不过，田园质朴若是做过了头，反倒像是在做戏，难免有矫揉造作之嫌。

　　动荡飘摇的周朝之后是短命的秦朝（公元前221—前206年），之后刘邦推翻秦朝建立了汉朝。"中国"这个名称的起源可以追溯至西周时期。到了汉代，汉朝治下的百姓被称为汉人，于是汉朝的国民被统称为汉族，这与中国的回族、藏族和维吾尔族等其他少数民族形成鲜明的对比。汉朝从公元前206年建立到公元220年灭亡，持续了四百多年，其间汉朝及罗马帝国治下的人口数量占到全世界人口的一半。[25]当时全球人口有四分之一生活在地中海一带，如果他们是以小麦或大麦作为主食，那么另外四分之一的人口则以小米或大米作为主食，当然许多中国人也吃小麦：他们通常将小麦磨成面粉后做成面条或包子来吃。[26]中国人很早就将"饭"（意思是像米、面条或面饼这样的主食淀粉）与"菜"（即做熟和调好味的蔬菜或肉类，量比饭要少一些）分开做来吃。在中国，吃饭如果没有"饭"的话，就算不上是像样的一餐饭，即便可能是一道小吃也不例外，直到现在仍然如此。中国人设宴待客时，菜上完之后才会把饭端上来，如果客人们接下来一个劲儿地吃米饭、面条和面饼的话，主人家就会颜面扫地，因为只有主人家上的菜不够时才会出现这种情况。

罗马帝国和中国的汉帝国都位于欧亚大陆的温带范围内，并受益于欧亚大陆的动植物群。不过，地中海地区有助于促进不同政治和文化群体之间的来往和交融（通常通过武力征服），而中国因为河流山川的缘故，各地区相互阻隔。中国的南北气候差异很大：北方凉爽干燥，而南方炎热湿润，农作物跨地区种植往往会水土不服。[27] 中国的一项宏图伟业就是将那些从名字就可以看出烹饪风格各异的不同地区实现了大一统：粤菜、川菜、湘菜和鲁菜只是西方人最为熟悉的四种菜系罢了。罗马帝国和中国的汉帝国都是在先前存在的国家基础之上建立起来的。两国都是君主制国家，有大量的贵族参政议政，并且都有强大的中央集权政府和地方官僚机构，因此管辖着许多地区行政机构。两国之间的交流在饮食烹饪方面产生了影响——通过直接或间接的方式，葡萄从古罗马传到中国。据说葡萄从古罗马传入中国汉朝，是奉汉武帝（公元前156—前87年）之命出使西域的使者张骞（汉朝最著名的外交家、旅行家）的功劳。当然，事实情况也可能并非如此。

中国广阔疆域内植物和动物物种丰富，地理和气候条件多种多样，令人叹为观止（中国唯一缺乏的气候类型是地中海气候）。许多早期的农业发展就发生在生物多样性极其丰富的东南亚和近东地区，而中国位于这两个地区之间，一直处于饮食文化兼收并蓄的有利位置。和古罗马人一样，中国人的饮食文化异于"蛮夷"外族。例如，蒙古人是无牛奶不欢的游牧民族，似乎天生就爱四处为家。王土之下，有些烹饪差异是可以包容的，而有些烹饪差异则透着格格不入的差异性，不可接受且有威胁。汉王朝治下那些文化别具特色的地区可能会对汉族的家乡菜有所影响，不过前提条件是它们必须足够有特色才行。

正如波斯帝国和罗马帝国的情况一样，我们对汉族精英阶层的饮食情况更为熟稔，远超对其平民百姓日常膳食的了解。中国古代王公贵胄墓中的随葬品通常都少不了食物，由此我们可以了解汉族的权贵阶层喜欢吃什么、喝什么、采用何种烹制方式。考古专家在一位贵妇人的墓中发现了一些小竹条，上面刻有字，详细记录了墓中所存放的食物该如何烹制和调味。烹饪方法包括火烤、水煮和油炒（炒锅看起来是在汉代发展起来的）、腌制或以其他方式保存食材。调味料包括酱油（发酵黄豆的技术在汉代已日臻完善)、盐、糖(甘蔗制糖)和蜂蜜。[28]贵族墓葬中的绘画更是生动描述了宴会的上菜顺序,先是摆酒,然后通常是上炖肉或称为羹的浓汤。然后是上主食(贵族吃的是大米饭,而非便宜的小米),最后再吃些甜点。画上皆是来自异域的肉食,上这种大菜可能是为了显示主人家雄厚的财力:除了牛羊肉,还有肥嫩的狗肉、熊掌、豹胸肉、乳猪和鹿肉。与波斯帝国和罗马帝国的盛宴一样,汉代主人家设宴时,可通过所上菜肴的数量来彰显其身份和地位。相比之下,大多数汉朝百姓每年有肉吃的机会屈指可数,通常是在重要节日杀猪后才能吃上肉。关于贵族盛宴和宫廷御膳的具体情形,比汉朝寻常百姓的日常吃食更容易弄清楚。当时,老百姓的一日三餐基本上见不到荤腥,这是生计所迫,绝非自愿如此。不过,根据汉王朝对农业的兴趣,还有流传下来的大量文献,我们可以了解到汉朝官府是如何解决百姓的吃饭问题的。在现代工业化农业兴起之前,任何其他文明都从未达到过中国农业这样高的生产力,只有埃及曾勉强接近过这样的高度。

E.N. 安德森(E.N. Anderson)曾这样写道:"很少有人能比中国人更彻底地改变本国地貌。"[29]为了提高农业收成和获得更多的自然资源,中国人曾长期拓荒开垦,修建堤坝和引水灌溉农田,还因地制宜地开梯田种庄稼。中国人并不甘愿命运任由地理条件摆布，凭着自身选择和开拓精神改造了本国的地貌。岷江灌溉系统（都江堰）等人造灌溉和公共建设工程项目非常重要，甚至在汉代之前就已如此。不过，中国汉王朝比前朝费了更大的功夫，去弄清当时中国的人口及他们的需求，并决定该如何养活这么多人口。公元 2 年，汉朝开展了可能是全世界的首次人口普查，由此得知当时的汉朝人口在 6000 万左右。早在这之前，汉朝政府就曾大力支持农业研究，并出版和发行农历和农业指南，朝廷官员负责进行大范围的推广和传播。政府参与了出版这些资料，并参与灌溉等公共工程项目，这是汉朝农业政策的两大根基。其他举措包括征收较低或适度的土地税，用于维持自有土地或租用土地的小农阶级的利益（官员们注意到，小型独立农场的生产力水平比大型农场更高），以及在饥年放粮赈灾。[30] 汉朝出现了世界上第一个用于农业的标准化度量衡体系，以及政府支持农产品价格的第一个举措，更不用说还有负责管辖这一切的复杂官僚体系。汉朝农业专家善于对异域传过来的农作物加以改良，从而使其适应当地的气候。

《氾胜之书》这部公元前 1 世纪的农耕手册乃中

国古代农业专家氾胜之[①]所著,从这部书传世的残篇就可以知道有关汉朝农业的大量信息。中国汉代的时候,农民一年种植多季粮食,在北方意味着冬天种小麦,夏天种小米。汉朝的农民通常使用由粪便、煮过的剩骨头和蚕蛹壳做的基肥来对种子进行预处理。他们灌溉稻田,在春天把水加温,到了夏天则把水降温。农民对自己农田的墒情很上心,而在干燥的北方,这意味着要想办法把土块弄碎变松,这样土壤表面就能够吸收更多水分。冬天的时候,农民把雪覆在农田上,庄稼就能防冻保湿。农民们在田间低洼处种葫芦,有时还种粮食,为的就是留住水分。只要是含氮的有机物,统统保存下来用来施肥,农民们似乎对各种土壤类型的情况了然于心。汉朝的时候铁制农具已经很常见。虽然汉朝官府也参与农业建设,可农民要想保持好的收成,压力非常大,这在一定程度上是因为农民要承担各种苛捐杂税,要么交粮,要么交其他农产品。值得注意的是,氾胜之偏爱劳动密集型的农业生产方式,而在一些学者看来,正是因为当时中国太过重视劳动力本身的作用,使后来中国农业发展

---

① 氾胜之:氾水(今山东省菏泽市曹县北)人,西汉著名农学家。——编者注

呈现出以下特点：中国古代土地增产不是重在技术创新，而是主要依靠农夫辛苦耕作。这样一来，迟早会制约中国的农业生产力发展，形成一种"高水平均衡陷阱"，深陷其中的中国农民为了确保粮食收成，不惜代价加大劳动力投入，可随着人口的增长，耗费的粮食也水涨船高。

《氾胜之书》中列举了九种基本农作物：禾、黍、麦、稻、稗、大豆、小豆、枲、麻。在汉代饮食著作中经常记述的"五谷"包括两种小米（稷、黍），还有麦、菽、麻或稻。转磨似乎是在公元前3世纪从西方传入中国的[①]，它便于将谷物磨成面粉，而面粉可以做面条或馒头面团，即所谓的"饼"。饼是一种常见的主食，在以小麦为主食的北方尤为常见。中国人还把粮食酿成各种酒。不过大豆通常是炖着吃，它在汉代是数以百万计穷苦中国老百姓的主食。大豆于公元前1000年前后传入中国，这种作物即使在年景不好的时候收成也不会太差，俨然就是抵御荒年饥饿的

---

[①] 据西北大学文化遗产学院副教授李成考据，转磨在旧大陆东西方的起源，是腓尼基人和我国先民在手工业技术水平提升的基础上，各自独立创造而成的。详见《异曲同工：旧大陆东西方转磨的起源、演进与交流》一文。——编者注

不二法宝。中国人饮食当中其他重要的作物还有红小豆、竹子、大白菜、葫芦、瓜类、桑葚、葱、芋头和榆树的叶子，大葱、韭菜、锦葵、芥菜和水胡椒也很常见，木兰和牡丹同样如此。

中国汉民族的水果和蔬菜中有很多种都是土生土长的，不过也有一些从外邦传过来的。这其中包括香菜、黄瓜、洋葱、豌豆、石榴和芝麻，其中许多来自新月沃地、印度或北非。甜瓜似乎起源于非洲，而酸橙则经印度河流域从东南亚传入中国。两者都在很早的时候就传入了中国，大概不晚于公元前2000年。其他水果包括杏、枣、莲子、龙眼、荔枝、橙子、桃子、李子和上文中说过的葡萄。调味料和香料包括花椒、红椒、高良姜、生姜、甘蔗和蜂蜜。《诗经》是公元前11世纪至公元前7世纪诗歌作品的合集，其中提到了至少45种可食用植物（相比之下,《希伯来圣经》中提到了29种可食用植物）。[31] 直到唐代中国才开始大范围种茶，中国人才有了广泛的饮茶习惯。

尽管大多数古代中国人可能每年只能吃上一两次猪肉，但猪肉迄今为止一直是中国人最爱吃的肉类，比更容易吃到的鸡肉更受中国人青睐。汉族老百姓吃不起太多牛肉，而且在汉代传入中国的佛教的影响下，他们更是开始尽量少吃牛肉。不过，中国人很少

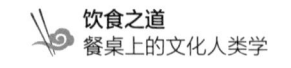

有完全不沾油腥的情况，而且老百姓究竟吃什么肉，考虑更多的是肉价，而非取决于宗教因素。中国的富人可能会吃鸭子、鹅、雉鸡、鸽子和其他野鸟。他们还可能吃马肉、羊肉和鹿肉，以及各式各样的鱼类（包括池塘里养的鲤鱼）和其他海鲜。对于中国古人来说，能吃上肉就意味着财大气粗，有权有势。所以，中国早期著作中屡屡出现宰牲之技神乎其神的人物，也就不足为奇了。我们特意找到庄周（约公元前4世纪）所著的《庖丁解牛》一文以飨读者，原文如下：

庖丁为文惠君解牛，手之所触，肩之所倚，足之所履，膝之所踦，砉然向然，奏刀騞然，莫不中音。合于《桑林》之舞，乃中《经首》之会。

文惠君曰："嘻，善哉！技盖至此乎？"

庖丁释刀对曰："臣之所好者，道也，进乎技矣。始臣之解牛之时，所见无非牛者。三年之后，未尝见全牛也。方今之时，臣以神遇而不以目视，官知止而神欲行。依乎天理，批大郤，导大窾，因其固然，技经肯綮之未尝，而况大軱乎！良庖岁更刀，割也；族庖月更刀，折也。今臣之刀十九年矣，所解数千牛矣，而刀刃若新发于硎。彼节者有间，而刀刃者无厚；以无厚入有间，恢恢乎其于游刃必有余地矣，是以十九年而刀刃若新发于硎。虽然，每至于族，吾见其难为，怵然为戒，视为止，行为迟。动刀甚微，謋然已解，如土委地。提刀而立，为之四顾，为之踌躇满志，善刀而藏之。"

文惠君曰："善哉！吾闻庖丁之言，得养生焉。"[32]

这篇寓言的受益者是文惠君，他学到的"做人之理"也是治国之道。许多学者观察到，所有早期的中国哲学至少在一定程度上都是政治哲学。上文中那位厨师所讲的道理在中国早期文学作品中屡屡出现，这实则是关于领导力的金玉良言，倡导适应环境而非对抗环境或形势的驾驭之道，重在择机而动，才能如文中厨师解牛那般游刃有余。[33] 在汉代及之前的儒家经典著作当中，保护自然资源是一个共同的主题，也是统治者通过表率作用来治理臣民的理念，其中就包括对农业资源施行仁政。

文中手艺高超的厨师形象生动至极，呼之欲出，由此可见食物是中国人丰富生活的重要来源。辞和赋是中国古代常见的文学类型，文风热情洋溢，常常会显示出食物在日常生活中的中心地位。战国时期有两篇非常著名的辞作，分别是《招魂》和《大招》，其中将饮食和烹饪描写成为已故亲人招魂仪式的一部分。招魂者希望

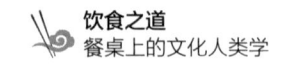

能招来他们故去亲人的魂灵，让他们像生前那般享福。事实上，将食物奉为祭品长期以来都是中国人敬祖和祭祖的核心要素，这种风俗一直延续至今。[34] 在某些情况下，节俭持家而又通晓事理的汉族人家会先将肉类祭品"供奉给逝者"，然后再拿给在世者吃。

至少从汉代开始，中国的食与药之间并非泾渭分明，盖伦医学兴起后的古罗马也是类似的情况（盖伦医学是在出生于公元 2 世纪末的希腊医生盖伦的医学著作基础之上发展而来的，他本人在罗马行医）。动植物食材已经入药，进入食客的常规饮食当中。中医认为饮食与健康息息相关，中医注重维持健康和预防疾病，而非头痛医头、脚痛医脚那样只针对特定疾病。无论过去还是现在，中国烹饪的价值观和原则都是以强调平衡的身体理论为基础的。其根本在于"气"这个理念——气在西方通常被译为"呼吸"或"能量"，而许多中国人对气的理解非常通透：万物皆有气，不是形而上的气，而是有实质的气。某些东西（包括食物）的气可能分为"阴"或"阳"，分别代表寒和热。正如《易经》中所说的那样："太极生两仪。"不过，也有一种中规中矩的说法：阳是指明媚的山南坡，阴是指背阴的山北坡。遵照中国古代的食谱，药膳可治病救人，他们靠的是调整患者的饮食或

# 第 2 章
## 古代各大帝国的主食

开草药方子和药剂。

中国饮食史上的一大重要问题在于，究竟是什么成就了中国饮食的多样性，即中国饮食所热衷的杂食性。事实上，中国饮食文化的新发明层出不穷，几乎所有可用资源都能物尽其用。还有一个类似的问题就是：中国人究竟如何把农田弄得如此高产？一些学者认为，人口压力大一直都是中国饮食发明的原动力，他们不仅需要最大限度地提高农业收成，而且还需要让尽可能多种类的动植物都能够当成食物。[35] 但是，中国汉朝的饮食发展历史表明，至少在古代中国，人口增长和饮食探索之间并不一定存在紧密的因果关系。虽然中国汉朝时期的人口数量起起伏伏，可并没有出现宋朝（960—1279 年）那种后期人口激增的情况：宋朝的人口从 6000 万左右（汉朝时期的平均人口就是这个水平）翻倍达到约 1.2 亿。E.N. 安德森认为，早在宋代人口数量猛增之前，中国就已经确立了农业实验和农业集约化种植的传统。安德森写道："我们知道，从现代经验来看，勉强糊口的人是没有心思去做农业实验的——他们根本没有这个能力。"[36] 中国曾有过粮食供应量相对比较充足的时期，在这段时期内尝试新的植物和动物物种，或者新的种植和收割方法，风险会相对小一些。正因为如此，中华料理异常丰富多样，影响范围极广。千家万户的厨房里都有炒菜锅，千万别小瞧这口锅，用它能轻松将各种食材炒熟。用炒锅旺火煸炒适量的蔬菜和动物蛋白，不仅出菜速度快，而且也最不费火。

## 小插曲 3　咖啡和胡椒

## 小插曲 3
### 咖啡和胡椒

柬埔寨东北角腊塔纳基里省与老挝和越南接壤。该省的一座小山上到处都是矮小的咖啡树，摇曳的白色花朵发出栀子花般的沁人芬芳。附近的一个大工棚旁边，水泥平台上晾晒着数百万颗深棕色的咖啡豆：代利杰里胡椒（Tellicherry Pepper）在烈日下被晒干，空气中胡椒的香气与咖啡花的芳香混在一起。我对农业生产颇感兴趣，试着用鼻子来感知这股味道。我抓起一把半干的花椒，在指尖慢慢揉搓，一股带有泥土气息的花香扑鼻而来。

不过，我来此地可不是为了忙农业方面的事儿，也不是为了品品这些味道那么简单。我来是想弄清楚柬埔寨这处贫穷的地方有什么需要的，并想办法帮助当地的农民子弟以及山由族的孩子建小学。山由族是起源于越南的少数民族，经常被视为社会的边缘民族。虽然当地家庭也想让孩子上学，可有时因为需要童工出劳力，孩子们只能辍学务工。当地教师很少有高中以上学历，所以很多家长只好把自己的孩子送到首都金边去上学。当地人过得实在太苦了，当地男性和女性的预期寿命分别为39岁和43岁，由此可感知个中滋味。这里的农民都是社会的边缘人，靠种植咖啡和胡椒为生。当地人饱受政治动乱和军事动荡之苦。当地一些地方在20世纪70年代不是被红色高棉统治，就是遭到邻国越南的入侵而被侵占。19世纪末，法国殖民者在此地种下了第一批咖啡树，这些树后来在越南人手中传承下去，还用杀虫剂和化肥进行了处理。

我此行本是为了考察在当地建学校的事情，不过，因为自己对咖啡略有研究，所以不禁对这些咖啡树，还有它们对当地未来发展前景的促进作用生出些兴趣来。近年来，柬埔寨的咖啡产业得到了外国投资者的大力支持，同时，像我这样有兴趣见证柬埔寨咖啡产业发展的外国人也纷纷来此。不过，由于咖啡树生长速度慢，要想干咖啡种植这一行格外考验耐心，因此有些人转而改种胡椒，因为胡椒的生长速度要快一些。代利杰里这种胡椒最初源自印度的马拉巴尔（Malabar）海岸，在柬埔寨的许多地方都有种植，不

## 小插曲 3
### 咖啡和胡椒

仅是在腊塔纳基里,在蒙多基里(Mundulkiri)和其他地方也有。柬埔寨西南部的贡布胡椒正在世界美食舞台上崭露头角。贡布胡椒呈红色,无论辣度还是香味都别具一格。对于经销贡布胡椒的商人来说,柬埔寨的地域特色也为这种胡椒增色不少。

我第一次造访此地时,曾问起过这些咖啡树的情况,看样子它们基本上都没人管。正是因为我问了这个问题,才促使有关人士在当地努力发展咖啡作物种植业,并筹集更多资金兴建学校。我深知这一开发项目所蕴含的历史意义,毕竟当年在这片土地上种咖啡和胡椒都是外国人的意思,所以无论是种咖啡还是种胡椒,都无形中暗含对外国势力的一种殖民依赖。不过,现任柬埔寨政府希望能够继续把咖啡和胡椒种下去,这样当地人就不会再去种罂粟,因为罂粟不仅更容易种,而且利润极为丰厚。柬埔寨咖啡已开始在本国首都金边和海外市场开始物色买主。凡是来金边旅游的游客,一般都爱买这种咖啡。在这些情况下,虽然它是以一种"传承的"作物而闻名,不过其名气正越来越大。就像咖啡树一样,"传承"需要假以时日才能成熟起来。之所以大家都喜欢咖啡和胡椒,是因为它们不仅能刺激感官,还能让贫瘠之地对接国内外的市场。

嗅觉和味觉一样，是一种亲密的感觉，其亲密程度甚至超出触觉。嗅觉和味觉都是通过将外物摄入体内来感知的。当我们闻气味时，不管我们愿不愿意，鼻中都会吸入物质的小分子。这个过程简单至极：挥发性物质具有不稳定的结构，本身气味就很容易发散。它们通过空气传播，在进入人体的鼻腔后，开始一阵阵冲击向大脑发送信号的受体神经元。有机物往往比无机物更容易挥发。以苔藓为例，它的气味比其所附着的岩石表面的气味更为强烈。气味在人和其周围的世界之间提供了有价值的互动途径。气味会让我们提防安全隐患，许多气味，如霉味或烟雾，都可能预示着危险。18世纪中叶，普鲁士腓特烈大帝（Frederick the Great of Prussia）派嗅觉灵敏者（kaffeeschnufflers）来寻找非法咖啡馆，他因担心这些咖啡馆聚众举行煽动活动而勒令它们关门：此处鼻子起到了间谍的作用。

当然，气味有助于调动饮食的多感官体验，这涉及许多单独的人体机能，从我们咀嚼时颌部的运动，到品尝动物肉食脂肪中的独特味道，不一而足。味道不只是在舌头上。关于我们的嗅觉对品尝食物味道的感觉有多大作用这个问题，感觉功能研究人员的意见存在分歧。不过，他们都纷纷认为嗅觉（用鼻子

## 小插曲 3
### 咖啡和胡椒

感知）起到了核心的作用，虽然事实上嗅觉可能是人类最弱的感觉，并在这方面逊色于许多哺乳动物。虽然人类的嗅觉可能相对较弱，可对某些人来说，气味仍然是对人类自身动物本性的一种提醒，虽然这确实多少有些不光彩。哲学家伊曼努尔·康德（Immanuel Kant）就是这样看待嗅觉的，在他看来，就重要性而言，嗅觉远逊于人类最强大的视觉感官。我们用眼睛看的时候，可以控制自己去看什么。相比之下，我们用鼻子闻的时候，只有一个办法可以阻挡外物进入我们的身体，那就是捏住鼻子用嘴呼吸。

不过，感官人类学意味着开启我们的鼻子、眼睛、耳朵和味蕾，去发现我们可能不会注意到的事物。通过所有感官进行观察可能会得到意想不到的收获。雨后，如果人行道是混凝土质地，会散发出某种气味；可若是砖砌的，则会散发出另一种气味。注意到这一点的话，我们可能会由此加深对城市景观的感知。每种气味都有其所处的情境和文化背景。例如，如果在我们附近出售和吸食大麻是合法的，那么我们对那股味道就会习以为常，它就会变得再平常不过，不再让人感觉有那种非法放纵的气味。在乡下闻到树叶燃烧的气味，可能就知道是在秋天。漫步在日本京都的锦市场，可以闻到十几种不同泡菜卤水的香味，

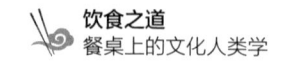

每种味道都在讲述着不同的发酵之道。

对于欧洲人来说，胡椒等香料曾经象征着渴望和贪婪。这些东西如今已经变得司空见惯，让人难以想象以前它们是多么难得的稀罕物，更想象不到当初为寻找它们的出海远行凶险异常。数百年来，欧洲人将香料的气味与奢华联系在一起。当年，香料对口鼻而言象征着财富。毕竟，亏得当初商队敢于踏上艰险旅程，不惜以身涉险，前赴后继，欧洲人这才可能用得上香料。当年只要把一船肉豆蔻运回欧洲，就可以赚得盆满钵满。还有些人决定坐收渔翁之利——海盗虎视眈眈地等着香料船从遥远的马鲁古群岛返航，而英国的征税船只行径与海盗无异，征税官员大摇大摆地登上长途运货船只，他们扣押的货物价值远超出该征收的税额。

不过到了21世纪，柬埔寨的胡椒生意已经光彩不再，利润变得非常微薄。虽然胡椒也能卖出价钱，但没人愿意再为了它冒险出海，更不会有人暴力夺取。据我所知，在腊塔纳基里省会有一种更容易大量种植的新作物将很快取代胡椒和咖啡的地位，那就是腰果。这种坚果原产于巴西，对柬埔寨政府来说它具有特殊的意义，因为它是柬埔寨自己选择的资源。柬埔寨腰果政策联合工作组（Cambodian Cashew Nut

## 小插曲 3
### 咖啡和胡椒

Policy Joint Working Group）副主席表示，目标是"将柬埔寨发展成腰果的主要生产国和供应国……以服务当地、其他区域乃至全球市场"。[1] 在选择改种腰果时，柬埔寨政策制定者将目光从芳香四溢、名扬天下的咖啡和胡椒作物转向了一种没那么富有情调的商品。不过为了当地农民的生存和国家经济主权的利益着想，做出这样的决定是再自然不过的事情。

## 第3章 中世纪味道

# 第 3 章
中世纪味道

他们带着一个厨师同路,为他们烧鸡、骨髓、酸粉馒头和莎草根。他对于伦敦酒最内行!他能煨、煎、焙、炖,能做精美的羹,又善于烤饼。①

——杰弗雷·乔叟(Geoffery Chaucer),《坎特伯雷故事集》(*The Canterbury Tales*)序言,1392 年

在这部著作中,其中一位朝圣者是个厨子,精通中世纪晚期英格兰的各种烹饪手艺。他温文尔雅,精通香料的使用,做肉菜更是一绝,可能他之前服务的都是上流社会的精英阶层,毕竟当时香料还是奢侈品。这位厨师是个爱享乐的人,无麦芽酒不欢。从

---

① 译文选自《坎特伯雷故事》,方重译,人民文学出版社(2019 年 5 月版)。——译者注

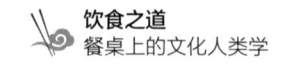

他愿意受聘为朝圣者烧饭，就可以看出他这个人爱冒险。三教九流的朝圣者堪称烹饪文化变革的亲历者，影响着他们的所到之处和最终返回的家园。旅行实乃领略烹饪新奇之路，乔叟笔下的故事当中，有不少都从饮食讲起，然后再展开讲故事，而最终的奖赏是人们在旅程结束时再一起吃一顿饭。之所以如此，其中自有玄机。[1] 本章将介绍中世纪欧洲人的饮食方式，以及造成这些饮食方式改变的如下因素：出行、土地使用模式的转变、农村和城市生活的动态变化，以及农业技术和工具的发展。中世纪的欧洲并没有和其他地区的饮食文化隔绝开来。香料通过陆路和海路被运到欧洲，吸引更多人出海寻找更多香料。正如约翰·基伊（John Keay）所说的那样，香料的供应"似乎像天气一样全凭天意做主，根本不稳定"。最终，对香料的巨大需求，以及想要更有规律、更安全地享用香料的愿望改变了一切。[2]

对"中世纪"一词的起源及其使用情况的注解对我们理解它大有帮助。用这个词表示"中世纪"的意思（最初是用拉丁语）最初始于16世纪的欧洲，历史学家通常将其视为近代早期阶段。这是一种标记方式，用于标记欧洲学者认为他们自己以及他们的文明已经落后的时代。在文艺复兴时期，人们普遍认为文

# 第 3 章
## 中世纪味道

明的历史是从古代开始的,之后经历"中世纪"或"中世纪时期",然后通过学术的复兴和开放走向现代。[3] 这样的年表自然免不了有自夸之嫌。文艺复兴时期的人文主义者建立了这种看待事物的方式,他们有效地继承了从黑暗到光明这段宗教隐喻般的历程,这堪称是中世纪基督教活生生的隐喻。

此外,"中世纪"的两种书写方法(Medieval 和 Middle Ages)是欧洲术语,使用它们来讲述非欧洲地点以及时间的时候应格外谨慎。历史学家有时确实会用这一术语来谈论欧洲以外的区域,例如用"中世纪时期的中国",但去除其中隐含的欧洲含义至关重要。可汗们统治了"亚洲中世纪",整个亚洲大陆都在他们的统治之下。如今依然矗立的柬埔寨吴哥窟(Angkor Wat)的宏伟寺庙建筑群就是在这一时期建造的,而火药则是中国在 9 世纪发明的。即使当我们考虑的是关于欧洲的话题时,我们也应该格外小心,不要让"中世纪"一词引起歧义。一些中世纪的食物,如烤肉或烤面包,它们的名字现在仍在沿用,可中世纪时这些面包的样子与我们现在所知道的食物是不同的。人们在中世纪时吃的家畜品种与现在不同,不适合工业化大规模饲养,等它们年老干不动农活时会被宰杀。中世纪的谷物通常被磨成更粗的面粉,而且其

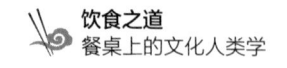

中大部分的面粉都不是小麦面粉。中世纪的菜肴味道也与现在不同，即便它们的名字听起来很熟悉，比如也叫"馅饼"。

乔叟笔下的朝圣者启程时可不是什么烹饪新手。甚至在他们从伦敦动身，奔着沃特林街（Watling Street）这条连接坎特伯雷（Canterbury）和圣奥尔本斯（St.Albans）的古罗马道路去往坎特伯雷之前，就已对饮食有着浓厚的兴趣。当时，生活在欧洲大陆的人可能已经吃过因阿拉伯人统治伊比利亚半岛（Iberian Peninsula）而发生改变的那些食物。摩尔人——有时被称为"撒拉逊人"（Saracens），直到16世纪"穆斯林"（Muslim）一词成为欧洲通用语——是阿拉伯裔穆斯林，控制西班牙70%的土地长达700多年之久，从公元711年开始，一直到1492年格拉纳达（Granada）最终陷落为止（当然，摩尔人此前已被逐出西班牙的大部分地区）。当年，罗马人种植了香橼，不过是摩尔人最早在欧洲土地上种植了其他更常见的柑橘类水果（例如橙子）。许多西班牙食物的名字都起源于阿拉伯语，这在以"a"开头的名称中留下了痕迹，例如 albondigas（肉丸）或"al pastor"（艾尔帕斯特卷饼）。朝圣者带的蛋糕很扎实，用蜂蜜增甜，能放很久都不坏（蜂蜜在糖传到欧洲之前的几个世纪中尤为重要），并被用橙子或玫瑰等混合成的花水调味。这两种食材都是受阿拉伯影响的标志。和中世纪时其他的欧洲人一样，英国的基督教朝圣者也用醋腌制鱼，以便储存或运输。

圣地亚哥–德孔波斯特拉（Santiago de Compostela）位于西班牙西北部的加利西亚，顾名思义是composium，即"墓地"的意思，或拉丁语中的campus stellae，即"星空"的意思。据说使徒圣詹姆斯（St.James）埋骨于此。当初来此朝圣的信徒们吃的是一种特殊的杏仁蛋糕，这种蛋糕流传到如今，名为圣地亚哥蛋糕（Tarta de Santiago），是一种专为朝圣圆满者准备的庆祝蛋糕。这种含糖的杏仁蛋糕质地细腻、糖霜上刻有圣詹姆斯之剑。具有讽刺意味的是，用于制作这些"基督教蛋糕"的糖，最初是由穆斯林医生和厨师传入欧洲的。朝圣之旅可以追溯至9世纪，当时孔波斯特拉已经是基督徒的圣地，由于西班牙北部是基督徒的避难所，而伊比利亚半岛（Iberian Peninsula）南部则处于摩尔人的控制之下，因此在当时具有额外的政治意义。国王和王公贵族官员接受洗礼，并最终葬在孔波斯特拉，而他们对宗教的虔诚就是他们政治权力合法性的来源。

来自欧洲各地的朝圣人群在通往孔波斯特拉的

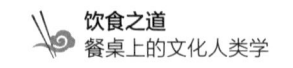

朝圣之路上汇聚（其他道路则通向另外两个主要的基督教朝圣地：罗马和耶路撒冷）。一千多年来，去往孔波斯特拉的朝圣者分享了来自欧洲各地及其他地区的轶事和美食。来自许多国家的轶事和美味佳肴在朝圣之路上交相融合，不过，这次特殊朝圣之旅的代表菜肴是加利西亚特色菜，尤其是当地的扇贝和其他海鲜。鱼独具吸引力，因为朝圣者通常修炼苦行，这对许多基督徒来说意味着他们会选择吃鱼肉，而非以陆上动物为食，就像他们在斋戒期间所做的那样。当代的基督徒习俗与这一传统如出一辙：周五是基督去世的日子，所以这一天不能吃肉，但可以吃鱼。从理论上讲，饮食从简在一定程度上消除了朝圣期间朝圣者在阶级和财富方面的差异。不过，实际上朝圣者当中的富人仍然比穷人吃得更好。[4] 农民的面包是用黑麦或小米等粗粮制成的，非常干，必须蘸酒或蘸水才能吃得下去。相比之下，富人的面包是用小麦精粉做的。随着朝圣活动越来越流行，圣詹姆斯朝圣者的扇贝壳成为朝圣者挂在脖子上的标志。有人说，朝圣者用扇贝壳来吃自己得到的食物，因为他们只能舀起贝壳能盛装下的粥。无论这个故事的真相如何，许多朝圣者确实都带回了贝壳留作纪念。

当涉及食物和身体时，朝圣有其矛盾之处，朝圣

# 第 3 章
中世纪味道

者所经历的基督教神学背景也是如此。饮食对于中世纪的基督徒来说具有宗教含义，最根本的原因在于，自基督教诞生以来，基督徒尽力避免受到犹太人的饮食习惯影响，从而将自己与犹太人区分开来。犹太人拒绝食用某些不合乎犹太教洁食规定的肉类，将肉菜和奶类菜肴分开，并严格按照特定的屠宰方式来处理他们所吃的动物，而基督徒则认为精神生活并不依赖于这种仪式。保罗是犹太人，原名为索尔，出生于小亚细亚的塔尔苏斯，他曾猛烈抨击犹太教的饮食教规以及犹太教的其他诸多限制。[5] 然而，肉体和欲望对基督教来说关系重大。食欲和性欲可能会干扰虔诚的生活，而禁食通常被视为抑制这两种欲望的方法。正如卡罗琳·沃克·拜纳姆（Caroline Walker Bynum）所说，禁食被认为"有助于肉身修炼德行"，尤其对于女性更是如此。[6]

中世纪的基督教历法中的禁食日不少，通常在这些日子并非完全禁食，而是要尽量少吃。不过一些食物，像面包和酒，对于基督教的主要圣礼而言至关重要。圣礼是一种旨在与神接触交流的仪式。基督教信徒们通过体变（指面包和葡萄酒经祝圣后变成基督的血肉）的奇迹消耗了他们的救赎主（耶稣基督）的血（值得注意的是，犹太人饮食中禁食血）和肉。虽然基督徒把犹太人饮食的那套规矩从他们的生活中根除掉了，可依然把饮食和食物作为他们精神生活的中心。面包是一个永远存在却又矛盾的象征。在公元4世纪的一次布道中，圣奥古斯丁（St. Augustine）将基督徒在灵修方面的进步比作使用基督徒的"谷物"来制作发酵面包："当你接受驱魔时，你就是'在被碾碎'。当你受洗时，你就是'在被发酵'。当你接受了圣灵的火焰时，你就是'在被烘烤'。"[7] 正如无数单个谷物粒汇成一块面包一样，基督徒也合体为基督——他们自己也会吃同样的面包。

基督教朝圣者在开始他们的神圣旅程时，经常要斋戒（乔叟笔下的情况正好相反，朝圣者启程前会大吃一顿），并尽量禁欲戒色。奇怪的是，禁欲主义并不总是意味着朝圣这一路上不能吃大餐。著名的法国菜奶油焗扇贝（法语为"圣徒雅各"）是用奶油和葡萄酒酱汁做成的，扇贝会被涂上黄油，最后在装菜的外壳上还会被涂上奶油酱。这虽然看起来有些令人啼笑皆非，可朝圣者有时确实吃得不错。旅馆为他们提供简餐：冷盘和奶酪、面包（农家面包或更好的面包）、炖菜，甚至是与现代蔬菜通心粉汤相仿的中世纪版本，当时是用蔬菜和豆类做的。一些朝圣者还能吃得上肉馅卷饼，这是一种馅饼或手工做的派，其

# 第 3 章
中世纪味道

中填满了肉、鱼或蔬菜。这种馅饼算得上是我们现代肉馅卷饼的鼻祖,基督教朝圣者在路上吃馅饼又便宜又方便。他们不管到了哪家旅馆都有啤酒喝,啤酒在当时堪称欢迎和健康的象征。其他可能有的饮料包括全欧洲哪里都有的葡萄酒以及地方特色酒,包括梨酒(梨汁发酵酿制)、蜂蜜酒,或者一种名为皮科特(piquette)的法国酸酒。[8] 如果朝圣者在朝圣途中想去宗教团体蹭饭,他们可能会在修道院找到啤酒。

  啤酒这种饮料有很多种起源,各种起源相互独立。从撒哈拉以南非洲地区一直到冰岛,啤酒在全球范围内的发展几乎是自发性的。一些考古学家甚至认为啤酒出现的时间比面包还要早,甚至还说发酵面包是从啤酒那发展出来的,当然,拉瓦什(lavash)、恰巴塔(chapatti)和马特佐面包(matzoh)这样的无酵面包不算。之所以会这么说,是因为空气中的天然酵母会在潮湿的面粉或液体中发酵,这样酿出来的啤酒可以被当作酵母来"发酵"面包。人们在美索不达米亚和古埃及王朝前期的考古遗址中发现了类似于啤酒的饮料,以及制作和供应这些饮料所用的陶器,还有古埃及妇女揉捏大麦酿造啤酒的雕像,并且有证据表明当时人们会使用蜂蜜来使啤酒变甜和便于保存。在埃及、撒哈拉以南非洲地区、拉丁美洲等地,长期以

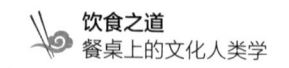

来，一直都靠女性来制作啤酒。她们的做法是咀嚼谷物，将其与唾液一起吐在一个常见的容器中，被唾液混合的谷物液体发酵几天后就可以用来酿造啤酒（或类似饮料），之后将啤酒过滤后就可以喝了。

最早在啤酒中添加啤酒花的恐怕要算是本笃会（Benedictine）修道士，正是由此生出的那股独特风味让人们将其与啤酒这种饮料联系在一起。[9]无论如何，本笃会与啤酒之间渊源已久。法国本笃会修道院院长兼主教，即苏瓦松的圣阿诺德（Saint Arnold of Soissons）当时被奉为啤酒制造商的守护神。一谈到这位主教的形象，一般都会说他头戴主教法冠，手执麦芽浆耙——用于搅拌啤酒发酵时的麦芽浆的一种工具。圣阿诺德主教在日常生活中发现，大量喝麦芽啤酒的人比不喝的人更少生病。曾有这么一则传说：他命令自己的会众喝啤酒而非饮水，结果他们免遭疫难。然而，关于喝啤酒究竟是否真的比饮水更有利于健康这个话题，在历史上争论已久。

不过，当时的啤酒与醉酒扯不上关系，因为大部分啤酒的酒精含量都很低（通常认为喝啤酒是"小儿科"），人们就算喝了啤酒也不会浑身不听使唤。在中世纪的欧洲，通常是女性负责照料家人健康，她们给孩子喝这种"小儿科的啤酒"，实乃明智之举。值得

# 第 3 章
## 中世纪味道

注意的是，啤酒并不是家庭成员以外的专业人士才会制作的饮品。酿啤酒不过就是一种寻常的家务活，或者换句话说，酿啤酒就是女性日常家务做的事情。

人们可以用任何谷物酿制啤酒和麦芽酒，其中大麦的优点不少。它比小麦更耐寒，所以长期以来大多数欧洲啤酒首选的酿酒原料一直就是大麦。酿啤酒的其他常见的主要原料是啤酒花和酵母。妇女们先要浸湿大麦使其发芽，在这个阶段的大麦芽富含淀粉，然后通过加热使其停止生长，并使其生成麦芽糖酶，随后她们会烘烤发芽的大麦使麦芽增香并加深颜色。啤酒花是一种藤本开花植物，添加啤酒花不仅可以起到防腐作用，还可以用其苦味来中和麦芽的甜味。酵母将糖转化为酒精，而酒精可起到防腐作用，在某种程度上也可以起到清洁净化作用。

罗马天主教会（Catholic Church）颁布啤酒酿造新规之后，那些先前在自家酿造啤酒，并把啤酒拿给邻居和亲戚喝的女人，也就是在英国被称作"啤酒店老板娘"的这个群体就彻底丢了饭碗。在法国君主和如今德国这块地方的君主的支持之下，教会发放啤酒酿造许可证［事实上用的是格鲁特（gruit）配方，即用薯草等草本原料赋予啤酒特有的口味］，并收取许可费用，实际上就是啤酒酿造税。与此同时，修道院的修道士用格鲁特配方来酿造啤酒，以贴补修道院的日常开支。啤酒酿造特许费用过高，这对家庭啤酒作坊确实不利，不过间接来说，这反倒对啤酒本身的发展有利：修道士有足够的时间和充足的财力搞啤酒酿造试验，结果酿造出来的麦芽酒和啤酒质量都有大幅提升。修道院酿造的啤酒总体水准要比那些家庭作坊更胜一筹。后来，在新教改革（Protestant Reformation）期间，马丁·路德（Martin Luther）亲自鼓励新教徒抵制教会对格鲁特的垄断，倡议用啤酒花代替格鲁特来酿啤酒。不仅如此，路德更是提出格鲁特中的草药有致幻效果，暗示欧洲人身体素质每况愈下与喝教会酿的啤酒不无关系。[10]

当年，人们出门在外，免不了要在旅馆、小酒馆和啤酒屋吃饭休息，通常是吃简餐，喝葡萄酒和啤酒。[11]旅馆和小酒馆凭借过硬的伙食和贴心的服务闯出名气后，开始争相提供最好的"套餐菜单"或"主人家的餐桌"，即固定膳食。直到晚些时候这些地方才出现按菜单点菜的膳食，而且只在城里才有，因为中世纪的待客之道并不是让客人自己选自己想要的东西。起初，官方只准许城里这些最早的餐馆为游客提供"有助于恢复体力的食物"（restorative）——肉汤，所以最终才有了"餐厅"（restaurant）这个词。不过，

## 第 3 章
### 中世纪味道

酒馆的意义可不仅限于吃喝和歇脚那么简单。当时，本地人和外地人之间的界限分明，所以说酒馆也是打听远方消息的好地方，即便是从其他镇子或外村来的人，可能也会被称作"外地人"或"陌生人"，而那些从异邦来的人就更不用说了。在 17 世纪英国和美国的咖啡馆出现之前，中世纪的旅馆和小酒馆满足了各种各样的顾客，包括远离家乡的旅行者的需求。

如今，去餐厅用餐是司空见惯的事情，正因为如此，那就值得再对比一下中世纪。当时对于欧洲的大多数社会阶层来说，能外出就餐是极不寻常的事情。在许多地方，与家人一起吃饭实际上是一种俗世的圣礼，而夫妻在一起吃饭往往被视为恩爱的标志。[12] 拿伦敦城来说，直到 15 世纪，当地才有了类似于现代这样可以坐下来用餐的餐馆，当然人们（主要是穷人和工人阶级）也可以去"小餐馆"买预先烹制好的饭菜。[13] 家里没有烤炉的人，可以把食物装盘带到有烤炉可用的专业厨房去。小酒馆和小旅馆的确是复杂的社交场所，因为这些地方提供一些特别像家里的资源（吃饭的餐位和夜憩的床位），供出门在外的客人租用。在这些地方，人们关于公共性、私密性以及与社会背景不同之人共居一室的看法会有所改变。[14]

欧洲最大的"朝圣"活动莫过于十字军东征。这

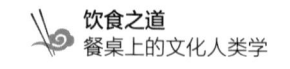

场东征与其说是为了让对方皈依自己，不如说是为了征服和消灭摩尔人。十字军东征是由新得势的好战教会组织发起的一系列长期军事行动，其中最重要的一次东征发生在11世纪至13世纪之间，始于罗马天主教教皇乌尔班二世于1095年号令远征圣地，旨在用武力从伊斯兰教手中夺回耶路撒冷。很快它就演变成一场未经教会首肯的"平民十字军东征"（People's Crusade），信奉基督教的农民队伍浩浩荡荡向圣地进军，途中残杀犹太人的事件不断，因为与相距甚远的摩尔人相比，犹太人是离他们最近的泄愤对象。对于信奉基督教的欧洲来说，这是又一个胆大妄为的时代，在一定程度上是因为基督教的势力不仅覆盖了整个地中海，更是扩展到了不列颠群岛和斯堪的纳维亚半岛上此前异教徒的地盘。"十字军东征"这个词本身是到了16世纪末才被创造出来的，源自法语"croisade"，意思是佩戴"十"字标记。

　　教会下达的正式使命可能是让东征者征服圣地，不过，年轻的十字军战士也带回来了当地的食物，有时甚至把烹饪这些食物的当地妇女也掳掠回来。教会派出的大多数十字军战士都是穷苦的年轻乡下人，对他们来说，任何远离家园的食物都很有异域风情，不过他们对此兴趣并不大。对他们来说，圣地的各色食

# 第 3 章
## 中世纪味道

物和当地人"都充满不开化的异教气息"。他们一直都感兴趣的只有香料,不是因为这东西的美食价值,而是因为能卖出好价钱。当时,来自西欧各地的年轻人都为激进好战的基督教所用,这些人在太平日子里就是爱寻衅滋事的小团伙,是社会治安的重大隐患。那些"背负十字架"的战士们得到了教皇的承诺:凡参加东征的人,将会获得教会的赦免,即便战死沙场,他们死后的灵魂也可直接升入天堂,不必坠入炼狱饱受煎熬。由此,这些年轻人找到了新的使命,即与教会的敌人作战,例如针对1071年击败基督教拜占庭帝国(Christian Byzantine Empire)的塞尔柱帝国突厥人的东征。教会将这些年轻人送往其他地方去上阵厮杀,他们就不会危害乡里。沿途掳掠是对这些十字军战士的一大奖赏。在他们抢回家的战利品当中,数香料最为贵重。只有通过重要的贸易路线,尤其是丝绸之路,香料才能流入欧洲。

不过,到目前为止,我们只讲了教徒们沿途中可以吃到的某些食物。在中世纪的欧洲,能不能吃饱饭这件事非常不确定。粮食要靠收成,收成要看天气。干旱少雨对庄稼来说是灾难性的,可雨水如果太多,可能会导致存粮发生霉变。然而,对于以下问题历史学家们的观点各异:究竟什么才是关系粮食安全的最

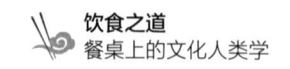

重要因素？是不可预知的庄稼收成，还是封建时代的欧洲的治理能力，又或是无数其他社会因素（从出口禁令到政府价格管制、囤积居奇和频繁的军事冲突等）发挥着更为重要的作用？以托斯卡纳地区的佛罗伦萨共和国与锡耶纳共和国这对宿敌为例，在双方之间的军事冲突中，佛罗伦萨人想方设法要断了锡耶纳的粮路。[15]

无论不确定性因何而起，存储粮食以备将来不时之需都至关重要，不过这么做也确实费钱费力。穷人食不果腹的时候远比富人要多，不过这可不能全怪在天气头上。营养不良和饥荒通常都是人祸所致，凸显出社会不平等现象。因为经常吃了上顿没下顿，所以当时欧洲的农民一有东西就拼命猛吃，只为能干得动累活。他们的伙食主要是谷物和豆类蛋白质（在英国主要是吃豌豆、野豌豆和蚕豆），肉少得可怜，一日三餐可以为他们提供 3500 至 4000 卡路里的热量。英国农民中只有家境最殷实的那些人，每周才吃得起 8 盎司①的猪肉或其他肉类（最常吃的肉类就是牛肉、山羊肉、绵羊肉和猪肉）。从农民手中抢口粮的人员和名目繁多，这其中就包括收税员，他们从农民家里

---

① 1 盎司 ≈ 28.35 克——编者注

## 第 3 章
### 中世纪味道

把粮食、鸡蛋和奶酪这些好拿好装的东西拿去抵税。农民受尽各种苛捐杂税的盘剥，自己的粮食都不够吃，营养不良都是常事。当时，农民每天在种田、收割、照管或加工和烹饪食物上面花的工夫之多，耗费的时间之长，简直是大多数现代人所无法想象的。与 21 世纪种植的农作物还有饲养的家畜相比，中世纪欧洲种的农作物产量较低，而且养殖的动物普遍个头较小，并且后续要忙活的事情也更多（厨房中要忙的事情更是多得匪夷所思）。

人只要肚子里没食，就难免会浮想联翩，这种感觉只有挨过饿的农民才深有体会。当时，法国农民爱说 "Cockaigne"（意为想象中的乐土，指伦敦及其近郊），而低地国家的农民则常提 "Luilekkerland"（意为悠闲丰盛之乡），两者都由同一个主题演变而来：人间天堂。只要你知道该往哪儿找，你就能到达人间天堂。这是座有围墙的乐园，与伊甸园有异曲同工之妙。[16] 不过，乐园的墙都是用粥造的，所以一路上都有吃的。在"想象中的乐土"，各类肉食应有尽有，各种动物无不被想成盘中餐。在那里，做熟的鸟儿纷纷飞入食客的口里。一头头猪四处走动，烤好、切好的猪背肉上明晃晃地插着餐叉。数条小溪中，葡萄酒、啤酒或任何你想要的其他饮料都在潺潺流动。身

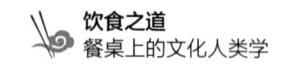

在此间，不用付出劳作即可尽享这一切，这点自不必说，就连"食色，性也"的男欢女爱也得来全不费工夫。此地美德与恶习的关系与基督教欧洲的情况截然相反：懒惰、贪吃甚至放荡备受推崇，或者说最起码是鼓励及时行乐。

回到现实世界，中世纪的人具体吃什么，很大程度上取决于其所处的社会阶层。不幸的是，在识字和文字记录普及之前的时期，我们对精英阶层日常生活和饮食的了解远远超过对农民阶层的了解。我们必须结合考古证据、编年史、历史书籍、法律文件以及农民耕种过的土地存续清单来重构对农民阶层的了解。[17]我们最耳熟能详的莫过于贵族阶层的盛宴。在亨利四世有史料记载的宫廷宴会上，财富的集中程度之高令人叹为观止。1403年，在亨利四世与来自西班牙纳瓦拉王国的胡安娜公主（英国人一般称呼她为琼）的婚宴上，有三道由各式各样肉类做的"头菜"：家畜，其中包括兔子（过去兔子属于家畜，现在有时也被划归为这一类）、阉鸡、山鹬、乳鸽、天鹅和鹅；红肉包括鹿肉、羊肉、猪肉还有牛肉；还有三道鱼菜，每道菜都被盛在五到六个不同的碟盘里。

每道菜都配有一道甜品，和其他开胃菜混在一起上，因为当时甜品还没有被归入称作"布丁"或"甜

# 第 3 章
中世纪味道

点"的最后一道菜,并且咸口味的菜肴本身也有甜味,以及现代西方食客可能会与馥郁香味联系在一起的香料味道。[18] 每道菜都配有"沙拉"和"果冻",它们有的形状像一头戴冠的黑豹,有的形状则像一只戴冠的鹰。在这般奢华的宴会上,即便看到餐桌上有座城堡也不足为奇:城堡可能是用碎肉做的。或者,某种动物造型的菜肴可能是用另一种动物的肉雕琢而成的。只要是盛宴,总少不了傲慢自大的假面舞会,这引起了乔叟的注意。《坎特伯雷故事集》中的那位牧师猛烈抨击这种作秀般的盛宴,认为这样的宴会尽显骄奢之罪。[19] 从那个时期流传下来的菜单当中,鲜见有记载任何绿色蔬菜或其他蔬菜,这可能是因为当时这些东西太过普通不值一提。

历史学家深入探究了中世纪欧洲农业的成败得失和政治经济的整体情况。[20] 如果说罗马帝国时期的农业特点是广泛耕种农田,那么在罗马帝国衰落(罗马帝国的高级料理也随之衰落)后的几个世纪里,欧洲大部分地区都退耕还林,因为人口规模和农业规模都在减少。在这期间,好几代农民都吃得很简单,主要就是当地气候环境下种植的谷物,辅以其他蔬菜,偶尔能吃些肉补充下动物蛋白。当查理曼大帝统率的法兰克军队在 8 世纪后期进军时,他不得不命令自己帝国（该帝国统一了中欧大部分地区）的农民种植特定的农作物，以确保自己的军队粮草充足。现存的一份文件《庄园敕令》(*The Capitulare de Vilis*)描述了在查理曼大帝的加洛林王朝期间王室领地的经济情况，由此我们可以了解法兰克贵族种植什么作物和吃什么食物。这些食物种类多样，包括牛蒡、卷心菜和胡萝卜等根茎类蔬菜，以及生菜和芝麻菜等耐低温的绿叶蔬菜。这些法兰克人还吃洋葱、青葱和大蒜，以及各种瓜类，包括南瓜。《庄园敕令》列出了水萝卜和茴香，以及苹果、无花果、榅桲、樱桃、李子、梨、桃子和枸杞等水果。当然，即便是贵族家庭，看起来也不太可能在一年内弄到所有这些吃食。到了 11 世纪，糖才开始成为欧洲精英阶层饮食的一部分，在此之前大多数人只知道蜂蜜是甜味剂。

大约从 11 世纪到 14 世纪中叶欧洲爆发黑死病之前的那段时间，欧洲日渐繁荣。农民受益于所谓的"中世纪最佳气候"，即公元约 700 年至约 1200 年持续温暖干燥的气候条件。在这样的气候条件之下，在更高的山坡上也能种植农作物，可以耕种的土地也更多，粮食收成也更可观。不过，这并不意味着务农是个好差事或者可以旱涝保收。中世纪鼎盛时期，农民面临着双重挑战：既要提高生产力水平以跟上人口增

# 第3章
## 中世纪味道

长对粮食的需求,同时又不能把土壤的肥力耗尽。实行休耕这种做法的地域不够均衡,有些地方的土地不停耕种,结果耗尽了土壤的养分。与欧洲其他地方的农业一样,英国农业也很容易受灾,而其当时是封建制度下的农业,这种农业制度剥夺了农民本可以用来改变农耕方式的资源。在此情况之下,决定各季节该种什么,简直跟赌博下注没什么两样,而且常常还是那种事关生死存亡的赌博。

与此同时,新的生产工具也开始出现。河水驱动的磨坊和风车的出现,改变了英国人加工谷物的方式,就像它们改变了整个欧洲的谷物加工方式一样。这个意义非常重大,因为从中世纪早期到晚期,欧洲人越来越依赖谷物作为他们摄取卡路里的主要来源。西多会修道士促进了磨坊的传播,因为他们在修道院附近广泛使用水力磨坊。一项数据统计表明,到公元1086年,英格兰在用的水力磨坊有5624座,其中一些甚至是安装在驳船上的。

早期农业工具又新增了刀犁和犁壁这两种新型犁,这是对自古以来靠人力驱动的刮犁的重大改进。与另一项创新(马轭或项圈)相连的犁板更为厚实,能够深耕富含黏土或水分多的田地,犁出的沟更长,这样锄地、浇水、除草和收割都更有效率。通过防窒息项圈和其他马具，人们可以更有效地使唤马匹，在给马钉上马蹄铁后，马匹走泥路也更有劲。这段时期砍树伐林蔚然成风。从英格兰到中欧，大片林地都变成了农田。那些具备畜牧条件的地区往往比那些没有条件从事畜牧业的地区在经济上更有活力，在一定程度上是因为它们更容易将畜产品运往远离农场的市场，运输成本也更低。另外，奶牛可以放养。乳制品，尤其是奶酪价格不菲，一小块就不便宜。

虽然农业产量的增长确实促进了各地人口增长，但由于黑死病的缘故，1348年后欧洲的人口数量锐减。黑死病起源于中亚，到1331年中国有数百万人染病身亡，之后欧洲相当大一部分人口都死于这场瘟疫（死亡人数比例从三分之一到三分之二不等，各地区视具体情况而定），而穷人遭受的打击尤为严重。欧洲的精英阶层温饱不愁，卫生设施良好，有大量仆人伺候，不容易染上瘟疫和遭穷人受的罪。黑死病肆虐，也引起了政府对市场上出售的食品饮料安全性的特别关注，许多城市颁布法令，要求肉类和鱼类供应商不得贩卖变质食品，这意味着在夏天任何头一天没卖出去的东西，次日都不得再在市场贩卖。

因为饱受瘟疫折磨，人们对健康养生之道兴趣渐浓，而食物的功效通常有"药补不如食补"之类的说法。[21] 中世纪的医生为了满足精英阶层的需要，听取了古希腊医生盖伦的谆谆教诲，信奉他的整体医学观：健康源于节制、适量运动和饮食有度的养生法。同时，中世纪晚期的平民阶层也受益于这种简明易懂的健康保养指南。当时的药典通常是草药和植物的使用指南，虽然普通人自己读不懂这类内容（事实上，当时整个欧洲的文化水平都不高）。用中古英语写成的相关论述层出不穷，其中包括就如何避免染上瘟疫给出指导意见和饮食注意事项的著作。随着15世纪印刷术的出现，欧洲的文化水平发展迅速，菜谱作为其中一个分支，也日益崭露头角。当然，早期的烹饪菜谱是专业厨师为同行编写的，并非面向普通民众的。最著名的早期菜谱莫过于泰尔冯（Taillevent）于13世纪末或14世纪初编写的《食谱全集》（*Le Viandier*），它反映了作者为之效劳的皇室成员所采取的饮食策略。乔叟的《坎特伯雷故事集》中的厨师极有可能略通医术，这从他的厨艺中就有所体现。当时的人认为阉鸡对病人有好处，所以会烧好入食。食物中加入香料，既可调味增香，也可入药，这绝非巧合，因为在中世纪的营养学逻辑中，他们并未将医药和营养区分开来。香料传自东方，当时人们普遍认为香料是拜上天所赐。[22]

黑死病大瘟疫结束后的那段时间，城市化呈加速趋势，因为有些农场养活不起为它们工作的农民，所以农民只好辗转到资源集中的地区去谋生。黑死病造成了巨大的生命损失，也暂缓了一系列正在进行中的变化。到了12世纪中叶，在欧洲城市生活看起来不再那么上档次，这在以农村为主的欧洲社会中已经没有那么新奇。各城市的中心通过最早古罗马人修建起来的古道四通八达，以这些罗马帝国留下来的古道为媒，信息和商品得以流动起来。香料这类稀罕物逐渐沿着街头小巷传播到社会的各个角落，日益影响人们的口味喜好。阿拉伯商人将丝绸等名牌货以及精英阶层才消费得起的香料运往城堡和宫殿。商人对姜黄粉或生姜的疗效赞不绝口，并明里暗里地夸赞绿松石、琥珀、珊瑚和龙涎香能够衬托买家的社会地位。富裕阶层率先体验到烹饪的各种新颖独特之处，其中一种食品是中东极具创意的水果新宠——"皮革"，这种食品是先传到法国和意大利，然后再传到欧洲的其他地区的。说是"皮革"，实际上就是一种干燥并被压扁的果脯干，例如杏干。这种食品制作方法是为了保存反季水果和便于旅行携带。一块干果脯拿手就可以直接吃，也可以切成小方块后放入一杯热水中泡化，于是就有了一杯营养美味的饮料。新的口味往往会从

# 第 3 章
## 中世纪味道

真正富有的精英阶层（这些口味最先就是他们搞出来的）逐渐传到没那么有钱的人群之中，因为后者热衷于效仿社会上层的品位。

丝绸之路始建于中国汉代，此后数百年来丝绸之路都在以下方面发挥着重要的作用：连接和发展欧亚大陆，即连接中国、印度次大陆、波斯和阿拉伯，以及欧洲。在拜占庭帝国时代，丝绸之路便被用于长途旅行和物资交流。后来在欧洲中世纪，伊斯兰教的传播和蒙古的崛起，对于往来于丝绸之路不同路线上的货物和商队都产生了深远的影响。丝绸之路固然可能是因运送丝绸而得名，不过通过这条路运输及传播的还有香料、原料和烹饪方法等。

事实上，许多人都认为当初面条传入欧洲就是丝绸之路的功劳，其实并不尽然。面条、面食或饺子的发源地并不唯一，很多地方很早就有这类食物，并且都经历过多次发展。据说航海家马可·波罗于1279年至1295年曾沿丝绸之路旅行，将面食从中国带到了意大利。也有意大利人认为吃面食的习惯是从意大利传到中国的。不过，可以肯定的是，这些说法纯属杜撰。已经有证据表明，面条早在马可·波罗还没有从欧洲去中国之前，中国就已经有了。面条和饺子都是由谷物粉制成的面团，在沸水中煮熟（当然，有些饺子，也就是蒸饺，是蒸着吃的）。做面条并不难，只需用面粉和水和好面，把面用手捏或卷成片状或条状，在水中煮熟即可，因此面条大有可能在很多地方被"发明"过很多次，只要产面粉的地方皆有可能。意大利语中的"pasta"一词可以直接翻译成英语的"paste"，它们都是面团的意思。同样用水与面粉和成的面团还可以做成扁面包（flatbread），如果经过酵母发酵，就可能会做成粗面包。在公元前 1 世纪的意大利罗马，人们曾使用面片来做卤汁面条之类的食物。阿拉伯人曾吃过一种叫 ittriyya 的面条，这是一种用粗粒小麦粉面团做成的丝状干面条。粗粒小麦粉是硬粒小麦的胚乳，北非的阿拉伯人用它来做布丁、面包、蒸粗麦粉和其他面食，并且这些食物直到如今在该地区仍然很常见。到了 12 世纪 20 年代，它们已传到了当时诺曼人占领的西西里岛。2002 年，考古人员在中国黄河沿岸的一次考古发掘中发现了一种 4000 年前制作的面条，面条保存完好，是用手拉伸面块制作而成。直到现在，在中国新疆和西部其他地区的人们依然喜欢吃这种辣味羊肉拉条子，其堪称当地烹饪的一大特色。

从中国经中亚、俄罗斯一直到欧洲的这条丝绸之路上，从汉朝一直到现在，烹饪传统源远流长，着实不凡。除了沿途各地都吃面条之外，这一路上的大多数美食都少不了用饼当主食：中国人用羊肉或鸭肉配饼来吃，印度人吃的是一种叫恰巴提（chapattis）的薄面饼，俄罗斯人吃的是扁饼（lapyoshka），还有亚美尼亚人吃的是脆饼（lavash）。中亚被山脉阻隔的地区也有类似的面饼，做饼的方法是通过商队驿站传过来的。这种面饼可以放在砖块、扁平石头甚至铲子背面快速烘烤。此外，丝绸之路沿途各地的人们也都喜欢吃羊肉和干果。

在中世纪时期，丝绸之路沿线最常见的香料是小茴香、香菜和丁香[①]，后者非常贵重，价格几乎与肉豆蔻不相上下（肉豆蔻及其干皮[23]是从一种肉豆蔻树上结出来的），当时曾一度是世界上最昂贵的香料，甚至在《坎特伯雷故事集》中也有提到过，故事中的做法"是将其放入麦芽啤酒中"。[24]阿拉伯商人将包括生姜和肉桂在内的其他香料带到欧洲，而中国商人的行囊中带的则是茴芹、芝麻种子、土茴香子和香菜。不过，对于靠中间商来获取香料的这种情况，欧洲人

---

[①] 作为香料的丁香是指桃金娘科蒲桃属的一种植物，与人们常说的"丁香花"（木樨科丁香属植物）并不是同一种物质。——编者注

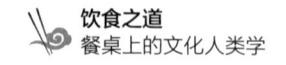

感到不胜其烦,无论中间商是阿拉伯人、中国人,还是经常与这些人打交道的威尼斯人,欧洲人都是这种感觉。欧洲各大强国最终派专人到香料原产地自己去找香料。起初,欧洲这些国家派出的船只走的都是已知的航线,然后逐渐尝试改变行进路线,探寻去往肉桂、肉豆蔻和胡椒这些稀有昂贵原料产地更好走的航海路线。早期出海寻找香料的探险之旅堪称豪赌,成功概率极低:每派出三艘船向东航行去寻找香料,通常最终只有一艘船能顺利返航。不仅如此,有时返航船只也并非原先出航的那艘香料船,而是一艘劫掠了香料船的海盗船,船上运回来的香料全都是半道抢来的。当然,香气浓郁的香料虽只不过是晒干的种子、根系、树皮、水果、球茎或块茎,利润却极为丰厚。对于那些为了发财不惜赌命的人来说,他们说什么也要去印度(寻找胡椒和其他香料)或印度尼西亚的岛屿(寻找肉豆蔻、肉豆蔻干皮和丁香)。

印度尼西亚群岛对于香料的重要性不言而喻,不过长期以来大多数香料最主要还是来自印度。我们写此书之时,印度依然是全球最大的香料生产国,每年种植的香料和香料收成占全球总产量的86%。当年,关于印度香料的种种轶事,古希腊人非常感兴趣,不过当时唯有最顶尖的精英阶层才有机会领略香料的味

## 第 3 章
中世纪味道

道。昔日的罗马帝国开疆拓土一路向东,为的就是创造更多的机会,他们也因此喜欢上了胡椒那种特别的口味。从古罗马远征军流传下来的文献资料来看,即便是普通士兵,到了印度也会买胡椒。位于印度西南部的马拉巴尔曾是罗马香料商人的云集之地。在此处他们还可以找到小豆蔻、胡椒和肉桂,而这种香料可能产自更靠东的印度支那(即中南半岛)。乳香和没药在犹太教、罗马和基督教仪式中很常见,被用作熏香来增香或保存食物。《圣经》中就已提及这些香料,并且在欧洲地中海地区已经存在了很久,在据说是古罗马美食家阿皮修斯所著的那本公元 1 世纪的古罗马食谱中,它们也有一席之地,甚至在泰米尔语的作品中也曾被写到过。这些作品讲的就是希腊人前往南亚,不惜重金采买胡椒的传奇轶事。[25]

当年,欧洲人开始断断续续地寻找通往"香料群岛"——马鲁古群岛,包括班达群岛(位于现在的印度尼西亚群岛)的海运路线。当时,要想弄清楚马鲁古群岛的位置相当困难,因为阿拉伯商人为了能够牢牢掌控肉豆蔻和其干皮的贸易,对这些岛屿的位置讳莫如深。[26] 不过,后来葡萄牙人发现了马鲁古群岛,并于 1511 年将这些岛屿纳入自己的势力范围内。此后,马鲁古群岛一直都受葡萄牙人的控制,直到 17

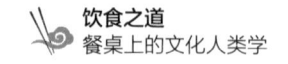

世纪荷兰人才取而代之。欧洲列强曾为这些岛屿的占领权争夺不休，为了确定该地区的管辖权，各国不惜诉诸武力，而且善用外交手段。为了牢牢掌握肉豆蔻的控制权，荷兰人不惜将一个名为曼哈顿的北美岛屿（勒纳佩人的故地）与英国人交换，只为了换取一个叫普洛伦的小岛，因为岛上种有肉豆蔻。在1667年的《布雷达和约》(*Treaty of Breda*)中，荷兰人获得了一块在当时比未来世界的金融之都更值钱的地方。荷兰人随后在马鲁古群岛壮大了自己的势力，禁止从"香料群岛"出口香料种子或作物，从而有效地控制了肉豆蔻、肉豆蔻干皮和丁香的出口。[27]直到18世纪，这些岛屿都是欧洲人获取肉豆蔻的唯一来源地。不过到了1769年，一位叫皮埃尔·普瓦沃（Pierre Poivre）（他姓氏的意思是"胡椒"）将肉豆蔻走私到当时法国控制的毛里求斯岛。该岛位于印度洋西南部，岛上树木繁盛。

当时，人们对海盗和私掠船已经司空见惯，至少这些和香料商人一样不足为奇。强盗惯用的伎俩就是坐等香料船返航，然后把船上来之不易的丁香、肉豆蔻及其干皮洗劫一空。不过，对于远道归来的香料船而言，心腹大患可不只是海盗，欧洲各国海军照样也可能会袭击悬挂外国国旗的船只。就拿英国海军来说，他们干过的劫掠商船的勾当委实不少。1665 年，时任英国海军测量员的作家塞缪尔·佩皮斯（Samuel Pepys），就曾亲眼看见过英国海军武装劫掠荷兰船只的场面。他在文中这样写道："人生在世，最大的财富莫过于见识过的大乱子——当时胡椒撒得到处都是，无论怎么走都避不开；船舱里满满当当装着的都是丁香和肉豆蔻，我只能把腿抬起来走路……场面如此壮观，实乃平生仅见。"[28] 所有香料船自然都希望能够自保，所以出航时无不全副武装。在此情况之下，武装护航在当时自然就成了香料船的不二选择。

到了 18 世纪和 19 世纪初的时候，香料争夺战终于逐渐偃旗息鼓，这在很大程度上是因为此时香料产地已经不再仅限于印度和东南亚的一些岛屿。此前，英国人和法国人将香料种子和植株从印度尼西亚带到本国在加勒比海和非洲海岸附近的殖民地，结果发现当地的自然条件特别适合种植香料。不过，随着香料的产地增多，价格也有所回落，可其中蕴含的那份异域风情却未见减弱。对于许多欧洲人来说，一说起香料，脑海中就不由想起太平洋或加勒比群岛的样子。他们可能会不由自主地将这些岛屿幻想成伊甸园般的大自然赐予财富之地，倘若没有吃过热带酷暑和疾病的苦头，很容易就会生出这样的想法。

在香料普及之前，欧洲某些港口因香料贸易而大为改观，变得富甲一方。就拿位于亚得里亚海北部的威尼斯共和国来说，其港口的发达程度令人艳羡。在公元 10 世纪威尼斯崛起成为城邦之前，该地一直到公元 5 世纪都是罗马香料贸易的枢纽。在整个中世纪，它都是西欧和阿拉伯世界之间最重要的通道。在 13 世纪到 15 世纪之间，威尼斯人开始主宰包括奴隶贸易在内的大部分东西方贸易。某些食物就是从威尼斯传入欧洲的。例如，甘蔗是由阿拉伯商人从印度带到威尼斯的，威尼斯人将其加工成"蛋糕"或"面包"，又或者制成小糖果或蜜饯。（"糖果"一词的英文原文 candy 正是源自阿拉伯语中表示糖的词 kand。）如今，在西欧，与甜品相关的香料（例如肉桂）被广泛用于烹制肉类和蔬菜等菜肴。16 世纪初，咖啡通过威尼斯传到欧洲，最初被视为"土耳其人喝的异教徒饮料"。[29]

事实上，对于欧洲其他地方的人来说，威尼斯人自己也显得颇具异域风情，这一点不免让人心生疑窦。他们似乎既不太像欧洲人，也不太像基督教徒。他们一心只想着发财，对上帝不够虔诚。一直到 15 世纪，在欧洲列强开始为香料和财富而争夺殖民地之前，运往欧洲的香料基本上都处在威尼斯的控制

## 第 3 章
中世纪味道

之下,其中大部分香料是通过与埃及的贸易实现的。1492 年克里斯托弗·哥伦布(Christopher Columbus)出海远航时,每年通过威尼斯城邦运输的黑胡椒约为 150 万磅。威尼斯的建筑通常装饰有东方图案,像东方的伊斯兰教或佛教建筑一样呈圆顶形或拱形。[30]

一些历史学家认为,当年香料贸易蒸蒸日上,欧洲迅速汇聚财富,正是早期资本主义自身崛起的一大因素。[31] 沃尔夫冈·施菲尔布施(Wolfgang Schivelbusch)在他的《味觉乐园》(*Tastes of Paradise*)一书中提出了一个影响更深远的论点:香料是欧洲从中世纪向现代转型过程中在烹饪方面的催化剂,同时刺激了贸易、勘探和经济的发展(至于对奴役和征服所起的作用,就更不用说了)。[32] 不过,香料固然曾对欧洲的现代化做出过巨大贡献,可香料的吸引力早已经风光不再。最终,香料与遥远东方那些可能宛如伊甸园般的发源地之间,已然失去了古老的中世纪渊源。当年,虽然香料与殖民主义以及争夺国际权力的斗争(主要是欧洲各地区之间的竞争)获得了新的联系,可香料变得太过普及,再难与人间天堂扯上关系,于是香料被世俗化了。对于打着香料和香料贸易的旗号提出的那些雄心勃勃的历史主张,无论我们是否认同,这二者在很多方面确实都曾推动过这个世界的变化。寻找

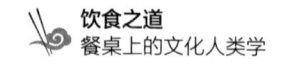

香料的过程促成了自农业出现以来全球饮食方式最重大的转变：这是欧亚大陆和美洲大陆之间生物有机体（植物、动物和微生物）的交换。该过程始于哥伦布试图取道大西洋前往"香料群岛"的航行，因此我们如今将这一过程称为哥伦布大交换（Columbian Exchange）。

# 小插曲 4 韩式泡菜之前

## 小插曲 4
### 韩式泡菜之前

2003年,我从自己的居住地日本京都飞往韩国首尔,与朋友们一起吃韩国菜。很快我就意识到,如果把"韩国菜"看作一个整体,看成是一种单一的民族美食,那可就大错特错了。如果不是身在某种菜系的发源地,很容易就会泛泛而谈。例如,如果我们生活在日本,就会知道"日本菜"实际上是一套非常复杂的菜系,三言两语很难说得清楚。

在首尔一家名为"奇化加"(Jihwaja)的朝鲜宫廷料理餐厅里,我享用了流行于14世纪末至15世纪初的菜肴,它们是秉承朝鲜王朝早期宫廷御膳风格制作的。这意味着这些仿制的宫廷菜中没用一点从西方传过来的食材,比如辣椒,因为直到16世纪,辣椒才传入朝鲜。因此,要是按现代韩国人对食物理解的那样,我吃的这顿饭根本就不是韩餐。当代韩餐的标志性特点就是红彤彤、辣滋滋，菜的辣度和色泽都是靠韩国本地的辣椒，不过这些辣椒可并非原产于朝鲜半岛。我那天吃的宫廷菜味道并不辣，而且比我们现在吃的韩餐要清淡得多，也精致得多。

就在那段时间，韩国电视剧《大长今》大受欢迎。这部剧讲述的是近代朝鲜宫廷早期御膳和御医的故事，生动再现了王国旧貌。该剧剧情围绕女主人公的传奇际遇展开。观看这部剧，能帮助观众暂时缓解20世纪90年代末亚洲金融危机带来的心理创伤。剧中，全球化之前宫廷宴会的场景一幕幕展开，难免勾起观众对过去的无限遐想。《大长今》这部电视剧是韩国推进本国文化，力争摆脱外国文化束缚所付出努力的典范，目的是彰显韩国的本土文化。我用餐的餐厅于1991年创立，也是秉承上述宗旨。

奇化加餐厅的菜单需要服务员颇费口舌才能介绍清楚，不过其实菜单上的每道菜几乎都有脚注。在就餐的过程中，我们见识了几种汤：一种汤是用味噌酱和切丝的蔬菜调味的，一种是凉的韩式海带汤，一种是牛肉清汤。他家有韩式饺子（mandu）和面条，咸虾炖牡蛎，多款豆制佳肴，用鸡蛋、萝卜、卷心菜和海鲜做的多种配菜——还有好多都想不起来了。不过，当时有一样吃食令人惊喜，洋溢着现代的气息：

## 小插曲 4
### 韩式泡菜之前

一位满脸歉意的服务员特意为我们弄了泡菜——用韩式辣酱做的泡菜。这种红辣椒调味品在哥伦布发现新大陆以后可以说是遍布全球，仿佛弄得这种历史比哥伦布发现新大陆还要早的朝鲜宫廷菜缺了辣泡菜就不行似的。

拿韩国辣泡菜这件事来说，不管奇化加餐厅同不同意，以下简单的道理都无可辩驳：如果"纯粹"意味着烹饪风格丝毫不受其他地方和传统影响，那么所谓"完全地道纯粹的民族美食"是不存在的。不过，即便没有服务员为我们弄的那道韩式辣酱，我们吃的这顿仿朝鲜宫廷御膳也算不上是原汁原味的民族美食。中国对韩餐的影响无处不在，因为大豆（还有味噌和酱油）以及大米和筷子都是从中国传入韩国的。

当然，我们可以试着把"异域"食物一层层剥离，将它们从某国的"纯粹"菜肴中剔除出去，可是这根本就无从下手，因为根本没有所谓"绝对纯粹的某国菜"，也就是说，纯粹的民族美食是不存在的。不过，通过追述过去来打造纯粹民族菜的做法，可能有着某种明显现代化的意味。我们可以将其称为"拟古主义"的一种表达，其真正含义与当今世界所引起的困扰有关。因此人们会追求"正宗"的食物，并试图在某种程度上认为这种行为是在永远可靠和地道正

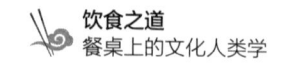

宗的菜肴上烙上文化和身份的印迹。于是，人们寻求"初创"，即菜肴的第一次迭代。遇上动荡的年代，人们怎会不去梦想时事还没有这么艰难的往昔岁月？那个时候光靠原汁原味的单一文化就能一手搞定，因而人们会对源头生出一种精神敬仰，难道不是这样吗？神话自有其诱人之处。关于泡菜自身的起源也存在争议。从一些考古证据来看，泡菜源远流长（照这么看，做泡菜并不需要用到哥伦布发现新大陆之后带来的辣椒）；陶制发酵容器则表明越冬泡菜的做法已有数千年的历史。不过也有其他学者认为，泡菜的历史远没有韩国人自认为的那么悠久，它是在中国和日本对朝鲜半岛产生影响之后才出现的。如果说所谓"正宗地道"的民族美食只是传说，那么有趣之处就在于人们仍在锲而不舍地苦苦寻求。

在奇化加餐厅用完餐的第二天，我仍然感觉自己整个人还没缓过来，而且几乎无法正眼去看食物。我无精打采地瞥了眼自己的韩式早餐，尽管我身体欠佳，但早餐闻起来还是蛮香的：一碗米粥，粥上撒有泡菜佐餐。可是，如果没有泡菜的话，还会有人真的愿意去吃它吗？

# 第4章 哥伦布大交换

# 第 4 章
## 哥伦布大交换

"哥伦布大交换"是指从 1492 年开始,欧亚大陆和美洲之间动植物的相互流动。本章描述了两个大陆各自的动植物资源是如何实现交换的。这种交换的影响非常深远,以至于环境史学家艾尔弗雷德·克罗斯比(Alfred Crosby)在其力作《哥伦布大交换》(*The Columbian Exchange*)中引述了关于构造性转变的理论,该理论认为一切都来得突然且果决,仿佛土豆的全球再分配是因为火山岛链突然隆起而造成的。[1] 其实,他这么说也并非夸大其词。想想比萨就知道了:比萨的面胚是在欧洲拥有悠久历史的脆皮面包,可比萨上的好多馅料都是来自美洲新大陆的植物,比如番茄等,对此你可能会点头称是。

在现代早期,克罗斯比所谓的"生物构造转变"重塑了世界各地的农业和饮食方式。当欧洲人到达他们最终称作美洲的地方,"发现"当地人早已熟知的大陆的时候,这一切就开始了。欧洲人到来之后,给美洲带去了各种各样奇异的新动植物物种,例如猪、牛和马(在冷兵器时代,马匹在战场上的作用非常巨大)。此外,随欧洲人传到美洲的还有各种致命疾病,而美洲原住民对这些外来疾病毫无免疫能力。来自欧洲各国的外来者把美洲当地的主要农作物和其他可食用作物都带回了各自的国家。从不列颠群岛到东亚及其他地区,无论是平民百姓还是精英阶层,他们的餐桌都因这些外来的动植物而改变。中国多个地方菜系都爱用辣椒(辣椒最早出现于如今的厄瓜多尔)和花生(花生最初是在如今的巴拉圭或玻利维亚种植培育成功的)做菜。没过多久,中国的王公贵族设宴款待宾客时,都喜欢为宾客奉上用来自远方的异国食材烹制的美味佳肴,以此来表现出自己的财力。中国古代历朝历代的精英阶层都是这样做的。欧洲对美洲的殖民统治也重塑了"新世界"大陆上的饮食方式,不仅对当地人是这样,对定居者及其后代也都是如此,与它重塑其他的一切如出一辙。

世界各地的烹饪文化发生了前所未有的变化。从如今意大利菜的品种更加丰富这一点就可以看出来:一盘开胃菜,包括烤辣椒和西葫芦,或者意大利面、

## 第 4 章
### 哥伦布大交换

玉米粥配新鲜番茄酱。1492 年之前意大利人就已经在吃面食（实际上，在 1295 年马可·波罗从中国回来之前，意大利人就已经吃面食了），不过当时意大利人吃的其他东西就乏善可陈了。早期的朝鲜菜是不含辣椒的。我们如今所熟悉的韩式料理中的那种"辣味道"是后来到了 16 世纪才有的。当时，爱尔兰标志性的食物——土豆还没有传过去。一些传到旧大陆的食物，如玉米和木薯，若是缺少了新大陆土著开发出来的加工技术，根本就没有营养可言，甚至还有毒性。

当时，没有谁会独自一人横渡大西洋探险，因为在 15 世纪出海航行无疑是九死一生。当年欧洲人驾船向西航行去往"香料群岛"，就是为了发财。他们希望这些新航线会比熟悉的东线航线的航程更短、海盗出没更少，也更加安全。第一批冒险家是西班牙人和葡萄牙人：克里斯托弗·哥伦布、瓦斯科·达·伽马（Vasco da Gama）和费迪南德·麦哲伦（Ferdinand Magellan）是 15 世纪末和 16 世纪初第一代航海家中响当当的代表人物。当时，造船技术的进步为他们的远航带来了极大的便利。热那亚和葡萄牙的造船厂造出了一种卡瑞克帆船（Carrack，又译为卡拉克帆船，西班牙语称之为 Nao），这是一种方形帆的六帆大船，非常适合远洋航行。相比之下，中世纪的船只就没有这么结实，航行范围很少超出地中海一带。16世纪初，葡萄牙人驾驶卡瑞克帆船向东进行了长途探险，到了1515年，葡萄牙商人在印度果阿用白银来采购香料，当时果阿（截至1510年）已经成为葡萄牙的领地。这些帆船的排水量超过1000吨，很快就抵达了中国和日本，成功开辟了东亚贸易航线。众所周知，哥伦布误以为加勒比群岛是东南亚"香料群岛"的延伸部分。他的日记经常提到他与西邦戈（Cipangu）的距离很近，这正是他对日本的称呼，而马可·波罗在说到日本时也用的是这个词。不过，哥伦布及其船员所遇到的植物、动物、地形，还有当地土著，对于任何此前去过真正的"香料群岛"的人来说，都是全新且陌生的。

查尔斯·曼（Charles Mann）的力作《1491：前哥伦布时代美洲启示录》（*1491: New Revelations of the Americas Before Columbus*）是对美洲前哥伦布时期文明的研究。正如该书中所指出的那样，大量文献都误以为美洲原住民没有改变他们自己的环境。[2] 事实上，美洲原住民与世界其他地方的居民一样不简单，他们与自然的关系也是如此。美洲也有自己的"新石器革命"，也有自己的农业兴起。美洲原住民在所谓的南美洲、中美洲和北美洲从事农业活动。在许多情

## 第 4 章
哥伦布大交换

况下,他们通过改变环境来实现自身农业活动的目标(虽然有些原住民群体确实或多或少以狩猎者和采集者的身份生活),只不过他们对自己所生存的环境改造力度相对温和罢了。[3] 北美东海岸的原住民部落在生火熏鱼时,把沿岸的森林烧毁得很厉害。从北美大平原到大西洋,美洲原住民用火来毁林开荒,靠这样人为的手段搞出来大块平地,然后他们为了有肉吃,在这上面大量养殖野牛群。此外,火对于他们来说还是一种无处不在的狩猎工具。

在哥伦布远航到达美洲之际,南美洲的许多城市已经非常繁盛,文化也已经高度发达,例如蒂亚瓦纳科文化和瓦里文化(印加文化的前身)。一些玛雅城市的人口多达数百万,全部都是靠务农为生,而玉米是当时最主要的粮食。事实上,对于玛雅文明为何会突然陨落这一问题,有这样一种解释:随着人口的增长,玛雅人开垦了太多的土地用于农业生产,可在他们最需要土地用于耕种的时候,却发生了严重的水土流失,导致玛雅人的农业就这样生生被摧毁掉了。北美的许多原住民族群,特别是居住在北美大平原上的原住民族群,他们的生活方式从技术层面来看确实不太发达。不过,当时这些族群游历四方,到很远的地方去从事贸易和进行交流。到了哥伦布时代,他们

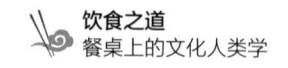

的贸易活动已有上千年历史。虽然印加帝国在西班牙侵略者到来后不久就灭亡了,可1491年的时候单就领土面积而论,全世界没有哪个帝国的领土可与之匹敌。

直到1834年,像乔治·班克罗夫特(George Bancroft)这样的历史学家仍然认为,哥伦布发现新大陆之前的北美就是"粮食产量少得可怜的荒废之地",意思是那个时候美洲的农业还没有发展起来。不过,正如许多学者后来所证明的那样,外来疾病和欧洲侵略者双双来到美洲后,摧毁的不仅是当地的原住民族群,这些族群在整个美洲建立起的文明也随之陨落。事实上,若是以为欧洲人当年到达后的北美洲是如同天堂般的无拘无束之地,那可就大错特错了:欧洲人在侵略并征服这片大陆的过程当中,带去了多种疾病,导致无数当地原住民染病身亡。正因为如此,美洲当地文明的种种标志,例如原住民为保障粮食来源而对自然环境进行的改造活动(开垦),也随之开始慢慢消亡。当时,大火过后,森林满目疮痍,梯田里又再度杂草丛生,畜群也四散奔逃。

哥伦布原名克里斯托福罗·科伦坡(Cristoforo Colombo),1451年出生于热那亚,1506年卒于西班牙巴利亚多利德。他当年率船出海,就是为了寻找

# 第 4 章
## 哥伦布大交换

一条去往"香料群岛"距离更短的航线,因为当时已知航线的航海图虽然已经相当精准,可这一路上凶险异常。赞助哥伦布寻找新航路的金主是西班牙国王斐迪南和王后伊莎贝拉。之前从欧洲出发的常规航线行程很长——商人们要先经过地中海,再从陆路去到红海,然后穿过阿拉伯海到达孟加拉湾,最后才能到达马鲁古群岛。当时,并非传言中说的那样,实际上地球是圆的这件事尽人皆知,哥伦布此行的目的也并非要证明地球是个球体。相反,正是因为知道世界是个大球体,哥伦布认为出海向西航行也能到达"香料群岛",并推测这样走的航程较短。哥伦布希望这样走一路上能够畅通无阻,水域开阔好航行,还能够避开印度洋海盗的侵扰。当他到达当时交通不便的美洲时,虽然无论是当地的风景、土著居民还是动植物,都与从马鲁古群岛归来的香料商人所描述或带回来的东西大相径庭,但他仍然坚持认为这里就是香料的原产地。在找寻丁香、肉豆蔻和胡椒的过程中,哥伦布反倒是意外发现了"aji",这正是当地对辣椒的称呼。他在自己所称的伊斯帕尼奥拉岛(即海地岛,如今分属海地和多米尼加共和国)和其他加勒比岛屿登陆后,却对他自己所做之事生出抵触心理,这可真是令人不解。他一直坚称自己已经快到了马鲁古群岛,

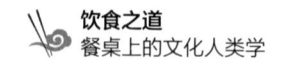

他对当地的树木、种子和植物根系闻了又闻，刮了又刮，信誓旦旦说它们可能就是肉桂、丁香或生姜，还解释说之所以味道不太对劲，是因为"还没到季节"。哥伦布至死都以为自己所在的位置距离马鲁古群岛很近，开船只要一天就能到。

尽管哥伦布返回欧洲时并没有带回来东方的香料，不过他的探险之旅引得同行纷纷效仿。葡萄牙水手麦哲伦，于1519年开始了他自己著名的环球航行。哥伦布此前的航海发现对麦哲伦帮助很大，所以麦哲伦很早就知道美洲的位置是在伊比利亚半岛和富产香料的地区之间。不过，他还不清楚绕着美洲航行究竟要走多远的距离。在他的船队环绕南美洲和横跨太平洋航行的大部分日子里，新鲜食物和淡水都没有着落，船员们只能苦苦支撑。麦哲伦在与当地（位于如今的菲律宾）部落酋长的冲突中殒命。他死后，他手下幸存的水手最后终于找到了马鲁古群岛和贵重的丁香。追随麦哲伦从西班牙启程的水手最初有将近300人，最终只有4人活着返航，可惜他们如此九死一生的冒险之旅，却几乎没有获得什么回报。

后来，传说在遥远的南美洲有一个被称为"埃尔多拉多"（El Dorado）的富饶国度，这个名字在西班牙语中的意思是"黄金之地"——传说那里的大街小

## 第 4 章
### 哥伦布大交换

巷都用鹅卵石大小的金块铺地，大理石宫殿里镶嵌着无数珍贵的宝石，这惹得大批欧洲船只纷纷去往新大陆探险，但最后能活着回来的寥寥无几。事实上，出海的船只增多，反而会加大航海的风险，因为海盗对交通最繁忙的海上贸易路线了如指掌，他们会肆无忌惮地劫掠来往的商船。但凡敢出海冒这般风险的船队，各自背后都有靠山。其实，航海家们背后都有欧洲各国君主及其贵族阶层做后盾，这些都是他们的金主。从 15 世纪到 17 世纪，出海者探寻去往马鲁古群岛等已知目的地的新路线，或是开辟风险性更高的新航路，目的是寻找新的大陆和牟利的机会。结果，欧洲探险者发现了他们前所未见的人种、动物和农作物。

去到美洲新大陆南部的葡萄牙及西班牙探险者发现，他们需要调整自己的饮食，这在一定程度上是因为热带气候完全不适合耕种一些来自欧洲的作物，特别是果树或小麦等谷物，因为这些作物需要更温和的气候。热带的湿度太大，就连专门预制好的食物都保存不了多久。一位传教士曾说，圣餐吃的小麦薄饼"因为湿度太大，温度太高，会像湿纸那样变弯"。木薯等当地淀粉作物固然可用于制作类似面包的食物，可欧洲人在巴西并没有小麦面包可吃，终归解不了馋。欧洲征服者对当地原住民的饮食是有成见的，许多探险家和外来定居者都认为当地的印第安人是饮毛茹血的蛮夷，甚至认为他们吃的食物根本就不是人该吃的东西。当然，当地原住民对这些外来者吃的食物也大感错愕，自然免不了会质疑这些人的人性。

起初，西班牙人和葡萄牙人试图在当地大范围种植欧洲的坚果树，例如核桃或榛子，可他们所种植地区的气候太过暖和，这些物种无法在此茁壮成长。再者，水手们本就不擅务农。尽管用玉米和木薯可以做某些熟悉食物的替代品，但是欧洲的外来者发现原产于秘鲁的土豆可并没那么顺口。1493年，哥伦布第二次登上伊斯帕尼奥拉岛时，他带来了一些欧洲植物的种子和扦插枝条，结果发现它们在当地顺利生根发芽，长势喜人。也许其中最为重要的作物是最初来自印度次大陆的甘蔗，它将成为新大陆最具经济价值的农作物之一。欧洲外来者本想在当地种葡萄，用来酿造葡萄酒，结果葡萄在当地总也长不好。相比之下，咖啡树和烟草在当地的长势就要喜人得多。欧洲外来者还把马和牛等驯养动物带到了新大陆，用于驮运、产奶和吃肉。在此之前，新大陆上最大的驯养动物是美洲驼。一些果树在新大陆长势良好，例如原产于中国的桃树。不过，由于这些桃树是通过波斯运到欧洲

## 第 4 章
哥伦布大交换

的,所以有时也将其称作"波斯桃"。香蕉树是欧洲人从加那利群岛(Canary Islands)带来的,在美洲的一些地区长得非常好。无花果、石榴、橙子和柠檬也是如此,尽管后者和大多数柑橘类果实一样,需要夜晚凉爽,并且气候不能太暖,也不能太潮湿。

曾统治墨西哥和中美洲(玛雅以北和印加以北)的阿兹特克人在农耕方面堪称典范。[4] 通过征服和治理,他们打造出了主要以玉米为食的高度发达的农业社会,他们使用名为奇南帕(Chinampas)的沟渠系统来灌溉玉米。阿兹特克帝国(Aztec Empire)有时也被称为三国联盟(Triple Alliance),因为它由三个都讲纳瓦特尔语的不同城邦组成:墨西哥特诺奇蒂特兰(Mexico-Tenochtitlan,位于今日的墨西哥城附近)、特斯科科(Tetzcoco)和特拉科潘(Tlacopan)。直到被西班牙征服之前,其中占主导地位的特诺奇蒂特兰从 14 世纪起就一直控制着墨西哥中部的领土。西班牙人后来把特诺奇蒂特兰作为他们的大本营,如今的墨西哥城就是建在原先阿兹特克帝国统治的遗址之上。

玉米、豆类和南瓜这"三姐妹"是许多北美原住民赖以生存的农业主食。正如第 1 章中所提到的,虽然玉米的历史渊源还存在某些争议,但已经确定的是，它是一种谷物、一种禾本科植物，其祖先是墨西哥和中美洲的一种野生草类大蜀黍。查尔斯·曼写道，能用这种植物培育出现代的驯化玉米，堪称"一项简直不可思议的壮举，正因为如此，关于究竟这是如何实现的，数十年来考古学家和生物学家一直争执不下"。[5]现代玉米相当耐寒，无论气候温暖还是凉爽都不影响它的生长，不管生长季节长还是短，它都能适应环境。玉米粒经干燥处理后很容易储存。昔日，阿兹特克人种植了很多种类的玉米，包括黄色、黑色、蓝色和白色等各色品种。他们还酿造了一种以玉米为原料的啤酒，名为奇恰酒（chicha）。酿造这种啤酒的时候，阿兹特克的妇女们会先用嘴咀嚼发芽的玉米或其他谷物，然后吐出来与水混合，进行发酵后先煮沸再过滤。如今酿造的奇恰酒是通过工业手段生产的，用的是酵母来代替唾液中的淀粉酶（其实人的唾液是一种绝佳的天然酵母）。

尽管玉米的产量可观，不过它的某些营养成分，例如钙的含量极低。相较于基于其他主食的饮食方式，如果一日三餐玉米吃得比较多，则这种饮食方式就需要补充更多其他营养。不过用碱化湿磨法烹制玉米，可提高其营养价值，由此玉米就可以成为一种令人满意的主食，成为制作蛋糕、糊状物、面包或小点

**第 4 章**
哥伦布大交换

心的好食材。碱化湿磨法烹制绝非寻常的加工技术：用灰烬处理玉米的这种做法，最初可能是美洲当地的原住民在西班牙人来到这里之前偶然间发明的。不过外来征服者和后来到此的欧洲来客对当地的烹饪技术并无多大兴趣，毕竟，"未开化的"的蛮族能有什么值得学的烹饪技术呢？因此他们根本就没把碱制湿磨法烹制放在眼里。结果，当时的欧洲人为此付出了惨重的代价：他们越来越依赖玉米，可对该如何正确加工玉米却一无所知，导致许多人患上了糙皮病和其他维生素缺乏症，而这些病往往是致命的。

事实上，一开始欧洲人根本瞧不上玉米，认为玉米只适合丢给牲口吃，根本没资格上餐桌。正如 16 世纪的英国人约翰·杰拉德（John Gerard）所指出的那样："我们并无确切的证据或经验来证明玉米好在哪里。印第安人还没有'开化'，对玉米的好处说不出个所以然。又因为他们的主食只有玉米可吃，所以只会说玉米好。不过我们不难断定，玉米虽然有些营养，但营养不够丰富，而且吃玉米很难消化。所以，这种东西与其端上餐桌，还不如让猪吃来得方便。"[6] 然而，玉米在中欧和东南欧地区却非常有影响。到了 19 世纪末，罗马尼亚的玉米种植量和食用量均超过了主要用于出口的小麦。马马利加（mamaliga）堪称深受罗马尼亚农民喜爱的一道"国菜",这是一种玉米粥,类似于意大利玉米粥,人们通常会将其就着玉米酒一起下肚。

同样,新大陆还有另一些食物也需要加工才能变得美味,才能让人吃得放心。例如,木薯含有氰化物,会危及人的生命安全。木薯是新大陆原住民的主食,它的生长能力极强,在几乎其他作物都无法存活的地方也能生长,并且每英亩产生的热量比新大陆任何其他作物都更可观。木薯如今是热带非洲最重要的作物,在非洲撒哈拉沙漠以南的大部分地区,它是人们最重要的主食。尼日利亚是世界上最大的木薯生产国,许多其他地方也都吃木薯,通常是做成类似布丁的淀粉食物,搭配少量蔬菜、鱼或肉来调味。木薯确实需要经过处理才能去除毒性,只要处理得当,可以存放很长时间。木薯可分为"甜"木薯和"苦"木薯这两个品种。"苦"木薯的毒性更强,如果其中所含的氰化物不处理干净,则摄入后会有生命危险。正如15世纪的一位欧洲旅行家所描述的那样,巴西中部和沿海的图皮–瓜拉尼印第安人(Tupi-Guarani Indians)知道如何处理木薯的毒性。据他说,瓜拉尼人将木薯根"在石头上摩擦,使其析出凝乳,然后放入一个由树皮制成的窄长袋子中,把汁液压榨出来收集到容器里。当汁液流出时,他们会在袋子里放上像雪一样细白的面粉。他们将混合物做成蛋糕,然后放在平底锅里拿到火上去烤"。其他技术包括压榨、煮沸、浸泡和掩埋,其中最后一种做法可使木薯发酵。对于来到新大陆的欧洲人来说,若能注意到这些处理方法,更能欣赏到其中妙处的话,那可就太超乎寻常了。

如今在许多国家,土豆和红薯都已成为营养来源支柱,而最初欧洲人把它们带回来只是出于好奇心而已。[7] 第一次接触土豆时,欧洲人都瞧不上它,至少认为土豆上不了台面,不配拿给人吃。土豆其实优势明显,好处多多:不仅易于耕种,而且耐寒性好,产量也大。尽管如此,土豆在成为人类主粮之前,颇费了一番周折。一直到 1751 年狄德罗(Diderot)和达朗贝尔(D'Alembert)开始编辑《百科全书》(*Encyclopedie*)时,土豆依然不受人待见:"这种根茎作物呈粉状,没什么味道。当年人们说起讨人喜欢的食物,土豆根本排不上号。不过,对于愿意滋补的男性而言,土豆不仅营养丰富,而且有益健康。吃土豆容易肠胃胀气不假,但对于农夫和劳动人民的好肠胃来说,这点胀气又能有多大关系呢?"[8] 精英阶层对自己认为"容易胀气"的食物都心生鄙夷,光凭"有营养"这一点可不能让他们信服。他们的食物还必须让自己享用起来派头十足，从新大陆传过来的食物很少有能够达到他们要求的，至少一开始没法满足他们的要求。直到土豆被精心切成薄片，并适量加入松露、奶油和黄油，为法国宫廷所接纳时，精英阶层这才发现土豆居然如此美味。从此一代又一代的土豆都是与大蒜及奶油一起放在砂锅里烹饪的，是做给资产阶级人群吃的。值得注意的是，土豆最终将为那些种植土豆的农户带来某种战略上的优势。对于收税员或窃贼来说，要想找到收获后储存的谷物并不难，可要想摸清土豆的收成到底如何，那可就是难上加难了，要知道这种根茎作物可都是长在土地下面的。[9]

从 15 世纪到 17 世纪，其他贸易路线也影响了全世界的饮食方式。当时，船只在整个大洋洲范围内运送粮食，特别是在密克罗尼西亚群岛和波利尼西亚群岛之间运送粮食，其航行条件在当时是全世界最艰苦的。在拉丁美洲，考古学家发现了来自夏威夷的石锛，而这些石锛早在 14 世纪就已经传到此地。这些证据足以证明前现代时期曾出现过一段长时间的海路贸易航行，其航线穿越了足足 2500 多英里的开阔水域。波利尼西亚贸易线路贯穿整个太平洋，运输椰子、其他水果和猪肉等各种食物。根据南太平洋地区人们口口相传的历史记载，当年出海的船只凭着星辰

# 第 4 章
哥伦布大交换

的指引,出海航行至遥远的岛屿。随船派去开辟新殖民地的人,无论男女,无一不是百里挑一。波利尼西亚人在各岛屿之间从事食物贸易,将作物种植和动物养殖的技术从一个地方传到另一个地方。对他们来说,各种各样的鱼和海洋植物都不难弄到手。

在当时,淀粉类主食包括木薯淀粉和球茎淀粉(许多不同作物的地下球茎,包括开花植物),以及其他的根和块茎,例如芋头。面包果的产量很大,可以保存在深窖中发酵。椰子浑身是宝:椰子肉可食用,椰子汁可饮用,椰子壳可以盛饭菜和装饮料,而且还是编织和建房的好材料。这些作物大多是自行生长的,几乎不需要人来照料和栽培,除非它们要养活的人口数量过多。说到这里,我们不难发现,随着人口数量增加,人类社会有时会倾向于发展定居农业,而非狩猎采集。

正如哥伦布大交换使人和动植物跨越大西洋进行交换一样,随后来自非洲的人和动植物大迁移也改变了美洲人的饮食结构,虽然人们在对美洲变化的记述当中往往会忽视非洲的饮食传统。大米可以说是源自非洲的其中一种最重要的农作物,这种主食的历史将非洲和美洲联系在一起,并且颇具讽刺意味的是:被奴役的黑人的饮食文化居然会影响奴隶主的饮食方式。

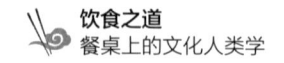

关于稻米起源和发展的轶事比比皆是，有时甚至相互矛盾。有考古证据支持，中国是水稻种植的发源地。也有学者认为，水稻起源于印度河流域，后来随着人口迁徙传到了东亚，并在如今的中国境内得到驯化。[10] 虽然通常认为是由葡萄牙探险家和贸易商将稻米带到了非洲，可事实上是，一种独立的非洲本土稻米（oryza glaberrima）在西非至少已有 3500 年的栽培历史。非洲拥有一套完整的文化体系，包括种植技术、性别分工，以及使土地能够丰收的神灵的理念，都是以其本土作物为核心发展起来的。[11] 非洲稻米拥有乔安娜·戴维森（Joanna Davidson）所说的"核心文化逻辑"，包括播种和收获时节的仪式、安抚心灵的音乐和舞蹈。稻米对于社区的认同感至关重要。昔日，各种稻米仪式是为了赞颂这种主食，以示敬意，因为整个村庄的人都靠它来养活。戴维森这样写道，稻米"也许一直都是土地和生计、人员和人口流动、欲望和梦想，还有失意的核心特征"。她借用了自己在西非进行实地考察时，几内亚比绍一个当地人说过的话："没有大米的话，我们是谁呢？"[12] 在许多种植水稻的地区，例如日本和中国的部分地区，人们可能都会被问到类似的话。在这些地方，餐桌上若是没有米饭，就称不上是一顿完整的饭，而且当地人每日摄入的绝大多数热量都是来自这种草本稻属植物。

被奴役的非洲人民不仅在新大陆为他们最喜欢的主食争得了地位，而且还带来了他们关于食物的学识——稻米的价值、仪式和耕作技术。[13] 他们带来的是自己对如何准备、分配和共同消费稻米的文化期望。他们的稻米文化对美洲产生了巨大的深远影响，特别是将稻米文化带给了大西洋彼岸的人们。迈克尔·特威蒂（Michael Twitty）在论及稻米在塞拉利昂所具有的独特非洲文化内涵时表示，自己在当地的亲戚会如是说："如果没吃到米，就会感觉这一天好像没吃过饭似的。"[14] 他的塞拉利昂乔洛夫米饭（Jollof），即代表记忆和身份的"红色米饭"菜肴，将他与跨大西洋的家族故国联系在一起。乔洛夫米饭是用西红柿、洋葱、青椒和多种香料烹制而成，称得上是一顿简单易做的家常饭，所以并没有什么固定食谱。小孩子都是坐在祖母的厨房里，看着学会做这种饭的。只要他们多留心祖母什么时候加点这个、什么时候弄点那个，这种饭的做法就不难学到手。乔洛夫大米只是杰西卡·哈里斯（Jessica Harris）所说的非洲"稻米大厨房"中的一部分，其中还包括塞内加尔的碎米，据说这种米比整粒米能更好地吸收酱汁。[15] 当年被奴役的非洲人还带来了辣酱，"把整个非洲至大西洋世界

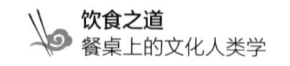

的人们都联系在了一起"。此外,还有加勒比海的干熏大虾,克里奥尔人、卡津人以及牙买加人的饭食中都缺不了这种虾。[16]

佐治亚州和南卡罗来纳州的古拉–盖奇人(Geechee-Gullah)保留了西非和中非的许多饮食方式,他们使用当地的"低地"食材来做菜,这些菜显然传承于他们祖先在非洲吃过的食物。这些菜中的一些原料源自非洲,包括大米和秋葵(古拉语中表示秋葵的词是"okra")、芝麻(sesame,也称benne)和花生(花生本身就是源自新大陆)。他们的一些烹饪技法较为独特,包括使用蔬菜大锅乱炖、做"抓饭"(或"肉饭"),以及使用"红色"米和卡罗来纳州长粒米。因此,古拉–盖奇人的烹饪方式独树一帜,截然不同于美洲其他源自非洲的烹饪手法。这些美食通常既经济又实惠,做成一锅不仅可节省燃料,而且不需要用到太多容器来装盘。在困难时期,他们可能会把山药丢入残火灰堆中焐熟,而肉(如果有的话)则可能会悬在锅的上方用烟去熏熟。

花生在西非普遍种植之后,诞生出的非洲新品种花生又随着黑人奴隶一起返回到了美洲。冈比亚原为英国殖民地,是冈比亚河沿岸与塞内加尔中部三面接壤的一个小国,花生是该国主要出口的农产品,产量相当可观。本书的其中一位作者在访问冈比亚时,有幸吃到了炖花生(Domodah)这道菜。这道以蔬菜为特色的"国菜"要用到山药和鸡肉,花生的酱汁更是十分浓郁。这道菜不仅体现了当地人的热情好客,也展示出了具有当地特色的豪情。许多西非酱汁和炖菜,以及以它们为基础发展起来的众多北美菜肴都是以花生为特色的。

非洲裔美国人的烹饪方式其实颇具多样性,可他们的烹饪方式却通常被归类为一种被简称为"灵魂料理"的饮食方式。虽然这种饮食方式大家并不陌生,可却鲜有人知晓这种灵魂料理究竟源自何人。鼎鼎大名的非裔美国农业科学家乔治·华盛顿·卡佛(George Washington Carver,1864—1943年)出生于奴隶家庭,他的许多贡献都与花生有关。他的早期工作是研究植物病害,发明创新不计其数,其中包括利用轮作和花生种植(因为花生是一种固氮作物)来使因种棉花而导致肥力下降的土地休养生息。他共计发明了三百多种以花生为原料的产品,包括油、肥皂、纸和药物。在得到众议院的支持并获取花生关税保护之后,他在向公众列举了花生的诸多好处和广泛用途时,全场起立掌声雷动。近几十年来,哈里斯(Harris)和特威蒂(Twitty)等非裔美国饮食历史学

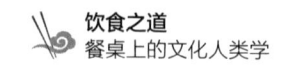

家一直致力于向公众推介非洲人和非裔美国人与食物有关的故事。

就影响世界粮食体系这方面而言，哥伦布大交换堪称最引人注目的现代"生物事件"。但它并非唯一的因素，奴隶贸易是另一个因素，除此之外还有各种形式的殖民主义和帝国主义。人类、植物和动物已在世界各地重新分布。随着时间的推移，人们对异国情调也已变得愈加熟悉。生物重组这样简单的事实很容易会被人忽视。以菠萝为例，这种来自新大陆的水果，可能起源于巴拉圭河沿岸，是巴西原住民将菠萝带出来并种植到各地，种植区域甚至远至加勒比海地区。1493 年，哥伦布在瓜德罗普岛发现了菠萝。菠萝传到英国后不久就名声大噪。英国作家约翰·伊芙琳（John Evelyn）在 1661 年写道，他看到了从巴巴多斯运来并进献给英格兰国王的著名"皇后类菠萝"（Queen Pine），而此时距菠萝传到英格兰才不过四个年头。到了 1719 年，菠萝开始在欧洲的温室中进行种植，俨然已成为财富和热情好客的象征。人们在英国老宅的大门、新英格兰的栅栏柱，还有法国殖民地的豪宅中，都有可能看到木雕菠萝，这表示"欢迎！在此宾至如归，主人家会尽力款待客人"。欧洲人将菠萝传到了亚洲。传教士（也许最著名的是耶稣会士）和商人带来了菠萝插枝和其他作物品种，当然他们在亚洲之行的途中也在了解当地的作物。有人认为，一艘西班牙船只在16世纪首次将菠萝带入夏威夷，不过一直等到1813年一位园艺学家再次将菠萝重新传入夏威夷群岛之后，人们才真正把菠萝与夏威夷群岛紧密联系起来。

我们吃的食物不仅是体现文化变迁的指标，也是现代植物和动物在地球上重新分配的结果，这一系列的转变始于欧洲人对财富的追逐。这种发财梦在哥伦布之后的几个世纪愈演愈烈，简直到了疯狂的程度。促成这种重新分配的基础其实是一种生物战：欧洲人传过来的瘟疫对美洲原住民造成了毁灭性的打击，这意味着在几代人之后，他们的后代很少有人能有口福尝到由哥伦布大交换所带来的那些水果。

小插曲 5

烈酒保险箱

## 小插曲 5
### 烈酒保险箱

我们正在参观一家威士忌酿酒厂。在制酒的蒸馏器旁的一个金属平台上,我们的向导向我们展示了一个长方形的盒状物,里面有几根管子,从蒸馏器的大水箱中探出来,最后汇聚在一起。拧开龙头,只见少量琥珀色液体(即正在发酵的威士忌)流到了品酒杯中。(威士忌在美国和爱尔兰的拼写为"Whiskey",而在苏格兰、加拿大和日本,它通常写为"Whisky",是不带"e"的。)这个盒状物的门是开着的,有一个挂锁的地方,不过里面是空的。这个盒状物就是所谓的"烈酒保险箱",最早是在苏格兰开始用的,如今在世界各地的许多制酒的蒸馏器中都可以看到。不过,它在日本却从未被派作其最初的用途。

我们现在位于东京北部埼玉县屡获殊荣的秩父酿酒厂(Chichibu Distillery)。酿酒厂老板肥土伊知郎

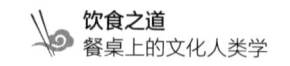

的祖上曾出过几位清酒酿酒师,他在以水质绝佳而闻名的一个小镇上创办了自己的酿酒厂,之前小镇上早已有了多家啤酒厂和清酒酿酒厂。因为科基(Corky)做研究的缘故,我们被带到了这里。她正在对日本威士忌行业进行民族志研究,该研究的其中一部分内容就是观察蒸馏制酒工作以及工人在工作中如何发现价值。民族志研究重在观察,而非检验我们对该领域的假设。观察者出行时不仅带着行囊,还胸怀期望。例如,我们预想的是,日本威士忌的酿造与苏格兰威士忌的酿造会有所不同,并且我们正在四处寻找种种迹象。

带我们参观秩父酿酒厂的向导告诉我们,在苏格兰,由于酿酒的工人得不到信任,烈酒保险箱都是上锁的。苏格兰的酿酒工人可能会经常忍不住偷偷尝两口酒喝,有的时候甚至还可能会去偷酒。在苏格兰,酿酒厂的管理层对底下干活的工人根本就不放心。而在日本,情况迥然不同——管理层不仅信任酿酒的工人,还特别看重工人对保持威士忌口味所做的贡献。在秩父酿酒厂,酿造威士忌秉持极高的标准,要靠酿酒师还有酒厂里所有人同心同德。只要是酿酒厂的人,上到酿酒师,下到给酒瓶贴标的女工,都可以尝酒品味。确保酿出高品质的威士忌,是厂里所有人的共同职责。我们了解到的情况是：秩父酿酒厂更令人称道之处在于注重团队合作和主人翁责任感，所以这里出产的威士忌品质更高也就不足为奇了。从秩父酿酒厂烈酒保险箱不上锁这件事，看得出厂里每个人的集体责任感都很强。

秩父酿酒厂的情况可能确实如此，不过上文中关于苏格兰烈酒保险箱上锁的这种传闻，其实并不全都是像外界说的那样。在对待烈酒保险箱这件事情上，苏格兰及其他地区的酿酒厂之所以与秩父酿酒厂的做法有所不同，其实另有隐情。苏格兰酿酒商起初搞烈酒保险箱这一套，其实并不是为了防范酒厂工人偷酒喝或监守自盗，实则是为了遵照本国从 1823 年开始向酿酒厂征收新税的规定。有了烈酒保险箱，操作员就可以对从蒸馏冷凝器中流出来的威士忌进行采样，且无须打开冷凝器，因而不会干扰正常生产。通过烈酒保险箱中的液体比重计，操作员从外部即可评估酒精含量。当初，掌管烈酒保险箱钥匙的是税务局工作人员，而非酿酒厂自己的人。税务局工作人员探访酿酒厂时，会打开他们掌管的烈酒保险箱来测量酒精含量。各个酒桶之间的酒精含量必须实现标准化。在没有烈酒保险箱的情况下去酿酒，意味着要靠味道和气味而非技术性手段（开关盛放蒸馏物的容器）来达到

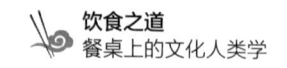

"要求",而许多美国精酿威士忌生产商就喜欢这么做（这也是美国法律所允许的）。一位酿酒大师告诉我们,如果按古法使用烈酒保险箱来酿酒,靠的不是经验、直觉和感觉官能,而是按部就班一板一眼来做。

从烈酒保险箱的历史渊源和各个酿酒厂对待烈酒保险箱的差别,人们可以汲取经验教训。不过,并不存在传统酿酒方法和日本酿酒厂的做法谁对谁错、孰优孰劣的问题。冲突的关键点在于,我们所讲述的有关饮食及其起源的故事,免不了会流传开来,演绎成新的故事。其中的内容很容易就会偏离最初的事实,孕育出具有地方特色的新含义。而这些具有地方特色的新含义,以及它们表达文化的方式,使得我们在进行田野调查时生出了兴趣（这并不是说我们不注重事实）。毕竟,讲述日本酿酒厂如何强调团队合作,并且含蓄地表明这里对员工的信任度更高,这种叙事方式符合秩父酿酒厂的诉求。就烈酒保险箱的含义而言,在秩父酿酒厂是一回事,在19世纪中叶的苏格兰是另一回事,而在当代美国的手工酿酒厂则又是其他一回事。一些有年头的东西很适合拿来讲故事,而人类学家也个个都是讲故事的行家里手。我们实地考察时得知的故事,很容易会让我们欲罢不能。我们需要反复拿这些故事与其他故事加以比较,因为我们感兴趣的既是事实确凿的准确性，也想探究为何同一事情会有多个不同的版本。我想，问题的答案取决于已知的故事是出于何种目的。最终，我们有幸喝到了几小杯秩父威士忌。这酒确实酿得相当有水平，酒色透亮、味道醇厚，而且酒厂的人告诉我们说，"喝这酒能品出当地水的味道"。

# 第 5 章 社交饮料与现代

## 第 5 章
### 社交饮料与现代

20 世纪 90 年代我们在尼泊尔的时候,酒店工作人员精心制作了咖啡,展示了他们的精湛技艺。他们将雀巢咖啡粉舀入杯子中,然后倒入一勺糖,再拿出一只沉甸甸、正冒热气的镀银窄嘴茶壶。这种"瓦拉咖啡"(coffee wallah)是将热水淋在含糖的速溶咖啡上,然后用手使劲搅拌(或者两个人配合操作也可以,一个人用勺子在杯子里快速搅拌,另一个人则同时往杯中加水,一点点慢慢倒入)而成的饮品。这种咖啡隆起米色泡沫,与意大利人称呼鲜奶油的用语"克丽玛"(crema)是类似的意思。这样一来,工业化的咖啡产品就变成了适合招待贵宾的好东西。类似的了不起的事情不仅尼泊尔有,在 20 世纪后期的整个后殖民世界,雀巢咖啡所到之处都是这种情况。

人们一般因就餐而聚在一起,而咖啡和茶,还有经常被人遗忘的巧克力，则是通过其他方式在酒吧、柜台、路边咖啡馆和其他社交场合将人们聚在一起，这点和含酒精饮料很像。咖啡、茶和巧克力这三种饮料的原料都是非欧洲本土的作物，它们都是欧洲在全世界各地殖民扩张的产物中不可或缺的组成部分。在此过程中，这三种饮料都曾出尽风头，不过它们都与欧洲劳动剥削的黑历史脱不开干系。它们一开始都曾是可望而不可即的奢侈品，后又成为万众期待的对象，最终变成欧洲人日常生活当中无处不在的一道"亮丽风景"。就营养角度而论，咖啡、茶和巧克力并非不可或缺，不过它们确能起到提神醒脑、调整心情的作用，而且堪称是一种社交润滑剂。

这三种社交饮料都不含酒精，其中，巧克力最先为欧洲人所接受，不过最终咖啡和茶后来居上，并取而代之。这三种饮料当中，原产地的当地人还经常在喝的只有茶。咖啡和巧克力一样，它们的消费者大多数都远离其原产地。为什么偏偏是这三种饮料能够脱颖而出呢？因为它们都有药理作用，具有调节心情的作用，能够为社交或私人舒适感助兴。这些饮料（尤其是咖啡）当前如此流行，可以肯定的是它们在传播过程中发生过很多故事，就像盐、小麦和糖也有它们的贸易和征服的历史。虽然酒精饮料和含咖啡因饮料具有相似的社交功能，但它们的历史发展却迥然不同，而它们通常的内涵，即我们期望用它们来进行社交的方式，也截然不同。拉比[①]、牧师和神父[②]都会走进酒吧去喝酒，可他们在喝下午茶或咖啡时说的事情与喝酒时聊的内容可不是一回事。

# 茶

茶不仅是指茶树（学名为 Camellia sinensis），即原产于中国的茶树；这个词也指用其他植物泡的水或做的饮料，无论是起提神作用还是安神作用都可以是茶。以阿拉伯国家为例，茶的类别可能包括埃及的木槿花茶、波斯的小豆蔻红茶和摩洛哥的薄荷茶。日本暑期热浪来袭之时，大麦茶是至关重要的饮料，将其冲泡后冷饮可祛湿消暑。现如今，各种植物泡水喝已成为药饮，不仅喝着舒服，也有助于社交。在英国人在其殖民地大规模种茶之前，茶在中国早已成为雅俗共赏之物。中国茶起源于中国西南地区和西藏，关于

---

[①] 拉比是犹太人中的一个特别阶层，主要为有学问的学者。——编者注
[②] 牧师为新教多数宗派中的主要教职人员，而神父则是罗马天主教和东正教的教职人员。——编者注

这一点的说法不胜枚举，其中有这样一个说法：当年，一位中国皇帝正在御花园中休息，头顶的茶树叶意外飘入了他面前碗里的热水当中，顿时一股沁人心脾的芳香袭来。无论茶的起源如何，到了公元6世纪的时候茶在中国已经大受欢迎，喝茶既可药疗又可拉近人与人的关系，甚至有时茶还可以当钱来用。茶叶当初是被装在佛门僧侣的行囊中与佛教一起传入日本的。关于茶的味道和药理功效，哲人和诗人都有各自的高见。诗人卢仝（约公元795—835年）在诗歌《走笔谢孟谏议寄新茶》中写出了茶的诗意对心灵的生理效应。其中这样写道：

一碗喉吻润，二碗破孤闷，三碗搜枯肠，唯有文字五千卷。四碗发轻汗，平生不平事，尽向毛孔散。五碗肌骨清，六碗通仙灵。七碗吃不得也，唯觉两腋习习清风生。

读过卢仝的诗就不难理解，作者饮茶后容易多愁善感，同时也会明白，要想达到卢仝那种极致的饮茶体验，多次冲泡茶叶有多重要。不过对于许多饮茶者而言，他们之所以多次冲泡茶叶，不仅是为了从同一袋茶叶中生出新的口味，而且这样做也很经济实惠。

16 世纪西班牙及葡萄牙传教士到达东亚的时候,茶似乎还兼具药用性和社交性双重功能,虽然茶传到英国后当地人慢慢不太看重其药效作用,可卢仝对茶的"上层"功能的认知仍然具有相当的意义。

后来的欧洲诗人和作家在知道有卢仝这些文人墨客之后,会以一种东方主义的方式来唤起对东方茶的欣赏之情。这样他们自然而然就把话题转到了讨论咖啡上。亚历山大·蒲柏(Alexander Pope)的讽刺诗《劫发记》(*The Rape of the Lock*,发表于 1712 年,正值英国第一次咖啡热潮兴起之际),通过写茶来阐述咖啡所引起的危险的神志不清行为,而这种神志不清酿成了大错——将少女的一缕秀发剪落下来。

> 瞧!盛着杯子和勺子的盘子披戴上皇冠,
> 浆果噼啪作响,磨盘转动。
> 在日本闪亮的祭坛上,
> 他们擎起银灯,映着熊熊烈焰。
> 从银器里淌出满是谢意的美酒,
> 中国的泥土上烟气弥漫。
> ……

诗中,"浆果噼啪作响"是描绘咖啡烘焙时的情

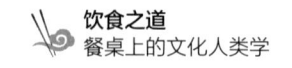

形。"磨盘转动"是在磨咖啡豆。"日本闪亮的祭坛"是指银托盘。"中国的泥土"指的是陶瓷杯,用于盛咖啡和茶等。

托马斯·韦伯斯特(Thomas Webster)创作于1862年的画作《茶会》(*A Tea Party*)展示了英国工薪阶层家庭的下午茶歇情形。下午茶包括茶、牛奶、蛋糕、糖碗、面包和黄油。这幅画的魅力在于描绘出孩子们模仿大人互相奉茶的样子。孩子们坐在地板上,旁边的女人可能是他们的祖母。他们正在全神贯注地用心模仿许多成年人热衷于参加的那种"聚会"。其中一个孩子搂着一个洋娃娃,仿佛她正在教育下一代要知道茶饮礼仪都有哪些规矩和讲究。要说体现19世纪中叶时的那种别具一格的英伦风格,少有画作能比得上韦伯斯特的这一幅,而且这位画家画笔下的两大元素,正是昔日大英帝国殖民扩张的产物。其中之一就是茶,英国人先是通过与中国开展贸易弄到了茶,然后在英属印度的大片种植园里种茶。另一个是糖,即英国在加勒比海殖民地产的糖,而糖对英国饮食和社会生活所产生的变革作用之大堪与茶相提并论。

到19世纪中叶的时候,茶在英国已传承了数代,喝茶之风相当盛行。不过,从韦伯斯特的画可

## 第 5 章
社交饮料与现代

以看出,英国东印度公司是通过在喜马拉雅山麓的大吉岭高原一带种茶,从而开辟出大众喝茶的市场的。英国茶在印度的发展历史,据说要从一位名叫罗伯特·福琼(Robert Fortune)的苏格兰植物学家讲起。当年,福琼先生乔装成中国官绅的模样(外表是氏族官绅,内里是商业间谍),奉东印度公司之命深入中国武夷山一带探寻茶叶,率领手下人从当地盗走茶籽和茶苗。不仅如此,他还设法实地走访了中国当地的制茶作坊,学习如何对茶叶进行分类、烘焙、炒制和揉捻。他探知绿茶和红茶其实都是同一种茶树产的茶叶,之所以口感不同,只是因为加工工艺不同而已。接待他的中国茶农教福琼如何将茶叶反复冲泡多次,从这些人的口中,福琼得知泡出来的第三道茶最好喝。在中国,忌讳用头道茶来敬客,否则"会有欺辱客人之嫌"的说法,一针见血地道出了茶中的苦味,这种表述方式比起卢仝的说法要直白得多。福琼将茶籽和茶苗从中国盗走以后,运往印度栽培成茶株,之后这种源自中国的茶树在印度阿萨姆邦被大范围种植。不过那个时候,当地的阿萨姆人主要用茶来治疗头痛和肠胃不适,看重的是茶的药用价值。

到了 19 世纪中叶,大吉岭高原和阿萨姆邦已在英国成为家喻户晓的茶叶之乡。英国人在锡兰(如今的斯里兰卡）也种茶。种茶、采茶和加工茶都是劳动密集型的工作，在整个大英帝国范围内，许多工人都去茶叶产地打工。对于东印度公司来说，印度产的茶叶有诸多好处，也许最重要的好处在于，该公司从印度运茶，无须负担贩运中国茶必须缴纳的高额消费税。茶开始起到协调英属印度许多地区经济生活的作用，就像它对英国社会生活的组织作用一样。在英属印度种茶，既方便成本又低，因而在印度种的茶叶在英国市场上取代了中国茶叶，成为英国东印度公司最赚钱的一大进口产品。茶卖得很便宜，大多数老百姓都买得起。对于收入不稳定的贫苦工人来说，茶的价格甚至比啤酒还要便宜。饮茶者当时将茶奉为杜松子酒的替代品，而公众通常认为杜松子酒是酗酒和毁掉生活的重要原因。约一百年前，威廉·霍加斯（William Hogarth）在他著名的一对版画《杜松子酒巷》（*Gin Lane*）和《啤酒街》（*Been Street*）中阐明了这一点：其中一条街巷满是堕落、虐待、贫困和混乱的颓败，而另一条街则是一派欣欣向荣、健康向上和井然有序的景象。相比之下，喝茶自然比喝啤酒更容易让人"保持神志清醒"。除了说服人们戒酒，19世纪30年代的禁酒主义者还有另一个优先要做的事情：让家人围坐在自家的私人壁炉边喝茶。啤酒免不

# 第 5 章
## 社交饮料与现代

了令人生疑,不仅因为它含有酒精,还因为男人一喝起啤酒来就不爱归家——他们通常都爱在小酒馆里喝啤酒并进行社交。

当时,在工业化的推动下,英国社会正在经历变革,围绕生产力各行各业的人们都建立起新的生活方式,在工厂上班的人更是如此。家成为人们得到心灵慰藉和支持的港湾,暂时逃离污秽危险的厂房,而茶饮成为家庭生活的首选,这点咖啡和啤酒都比不了。在工厂里,管理人员衡量工人生产能力的权限越来越大,而茶和能为茶增加甜度的糖堪称工人们理想的能量加油站,有助于提高英国工厂工人的生产力水平。慢慢地,即使是英国社会中最贫苦的人群也开始消费从世界另一端进口的茶产品。在规模经济和殖民地生产制度的双重作用下,产茶的成本逐渐下降。1700 年英国进口了大约 2 万英镑的茶叶,仅仅 10 年的时间,茶叶进口额就跃升至 6 万英镑,到了 1800 年,茶叶进口额更是达到了 2000 万英镑。[1] 到 19 世纪中叶,茶已经成为大多数英国人日常生活中不可或缺的一部分。当时茶叶依然与东方还有殖民势力保持着千丝万缕的联系,有时候从茶叶包装上印的中国人饮茶的东方风情卡通形象就可见一斑。

有一点小谜团难免让人不解:茶缘何能在不列颠

群岛力压咖啡？咖啡是在 17 世纪初传到这里的，比茶叶更早，而且很快就站稳了脚跟——没有比这更好的开局了。淡啤酒、低酒精度啤酒是当时人们进行日常社交的首选饮料，但它们都是含酒精的冷饮，咖啡进入人们生活之前并没有一种又苦还含咖啡因的热饮。可以说咖啡开创了全新的一类饮品。茶当时之所以能比咖啡更受青睐，一大原因可能是茶作为批量生产的廉价饮料，做得比咖啡更胜一筹。相比低档咖啡，许多英国消费者更喜欢喝低档茶，尤其是配着牛奶和糖来喝的时候。原因在于低档咖啡的苦味太重，往往比其他配料更抢味道。另一点原因同样重要，不过它同时具有更明确的政治意味：咖啡的产地不在英国的殖民地。事实上，直到英国东印度公司在阿萨姆邦、孟加拉国、大吉岭和其他地方建茶园之后，茶才取代了咖啡的主导地位。

正如韦伯斯特的画作所展示的那样，饮茶可以是一种社交行为。冲泡茶饮往往是仪式化的，甚至是出于礼仪性的。喝茶可以让人聚在一起，它是一种有助于社交的促进因素，可以创造机会让大家待在一起谈天说地。在摩洛哥，备茶是训练年轻人的机会，可以让男孩子们学会如何从距离茶壶两英尺[①]甚至三英

---

[①] 1 英尺 =30.48 厘米——编者注

尺的地方沏入滚烫的热水。长辈们会在旁观看、点评和指点。为什么要从这么高的位置沏水？按长辈们的解释，这不仅仅是为了考察男孩子们的肌肉控制力是否过关，而且这样沏茶可以给水通气、提升口味和增加泡沫，表现出主人家的热情好客。若能泡得一手好茶，在一定程度上代表这个人成熟稳重，至少在生活方面如此——韦伯斯特画中的孩子们模仿成人的做派，为日后自己成年的下午茶时光做着准备，与上述情况都是一个道理。

19世纪中叶的英国家庭会以茶为中心来安排每天的日程。茶点时间安排在一天的工作结束时，人们在外忙完工作，或在家做完家务后，借这个时间休息一下。在许多家庭，茶点也是一顿便餐，对于孩子们来说，这可能是睡前的最后一餐。这种茶点通常包括甜食、蛋糕和布丁，由此可以看出糖在英国人的饮食中可以说是无处不在。糖再也不仅只是一种食物调味料，而是一种原料。

如今，茶（通过多种形式）已经影响了世界大部分地区，特别是在东亚，并穿过中亚一直延伸到了中东。在中国和印度，茶已成为日常社交活动的一部分，在曾是英国殖民地的国家和地区，喝茶也已然成为一种习惯。土耳其的茶具精美考究，韩国的果茶优雅精美，日本人饮茶时参禅悟道，都反映出当地的品味和传统的社交方式。人们常常以茶为媒来表达热情好客或释放善意。当然，在路边咖啡馆喝茶也无妨，我们不必太过拘泥于形式。

# 糖

托马斯·伯特伦爵士（Thomas Bertram）是英国女作家简·奥斯汀（Jane Austen）的名著《曼斯菲尔德庄园》（*Mansfield Park*）中的人物，他在安提瓜岛拥有一座甘蔗种植园。而在英属加勒比地区，像这样靠奴役劳工卖命的种植园还有很多。[2] 加勒比海岛屿上有淡水，蔗糖在那里长得最好，而安提瓜岛缺水，当地的种植园极易受旱灾。在英法两国修好的时期，伯特伦爵士和安提瓜岛的其他种植园主可以从附近法国控制的岛屿弄到水，不过，两国开战后这种好日子就再也回不来了。在《曼斯菲尔德庄园》故事中的某个时候，伯特伦爵士离开了英格兰，外出两年（可能是1810年至1812年这段时间）去照料他的种植园。此前可能是因为遭了旱灾，或是因一位无良监工管理不善，他的种植园被弄得元气大伤。从奥斯汀批判性的话语当中，不难看出伯特伦爵士已家道中落。那个

# 第 5 章
社交饮料与现代

时候,英国人都知道糖这东西可以成就一个家庭,也可以毁掉一个家庭。到了 19 世纪中叶的时候,与同样受宠的茶一样,糖已经成为英国社会各阶层饮食中不可或缺的东西。生产力就是一切,无论是体力工作者还是脑力劳动者,糖都能够为他们提供所需的能量。这点与糖的甜味同样重要。

从古希腊时期开始,一直到欧洲中世纪晚期,糖(蔗糖)都被视为药。在阿拉伯的药典当中,糖被用于汤剂、补液和其他类型的药物治疗,阿拉伯商人、西班牙商人和波斯商人将糖传到了欧洲各地。盖伦医学理论的基础是体液,重在寻求身体的平衡。盖伦学派认为糖是一种"热性"物质,可以有效平衡"寒性"物质或身体受寒。因此,糖不适用于治疗年轻人,因为年轻人天生火力旺。不过,如果对症使用,糖对很多病都有奇效。糖有助于退烧、治胃痛、缓解肺部疾病和消除皮疹等。人们后来发现吃糖容易长虫牙,可令人奇怪的是,当初做牙膏也要用到糖。

糖逐渐开始被用作香料、佐料和调味料。当年,在欧洲的精英阶层当中,糖成了一种炫富的手段,被做成各种造型的糖制装饰性甜点是宴会中的头号"饰品"。西西里的富户每年过复活节的时候,餐桌上总少不了一道起装饰作用的糖烧羊肉,这种风俗世代相传。它也蕴含着好运顺利的深意。正如西敏司（Sidney Mintz）在其《甜与权力：糖在近代历史上的地位》（*Sweetness and Power: The Place of Sugar in Modern History*）一书中所说：吃糖是"戏剧化的特权"，其道理与吃碎珍珠很像。[3] 随着糖在英国越来越普及，它开始被用作烹饪和烘焙的原料，并且几乎家家户户的饭桌上都有糖碗。糖还被用作防腐剂：糖可以使水果结晶或糖化，这样人们就可以吃到非应季的水果。

甜点的概念在欧洲历史上出现的时间相对较晚。直到 17 世纪晚期，甜食才在菜单上有一席之地，用吃坚果和水果来结束一顿饭的用餐方式才变得更加普遍。直到 19 世纪初期，"布丁"这道甜点才成为英国大众餐桌上喜闻乐见的一道菜。到了 19 世纪 90 年代的时候，英国人每年的人均食糖量约 90 磅，其中大部分糖是在喝茶和喝咖啡时摄入的。这个数字还不包括工业加工食品中所含的糖分，而这样的食品在当时颇受青睐。"二战"期间，英国实行食糖配给制度。战后，食糖消费量猛增，因为当时突然有大量的糖果可以吃，对孩子们的牙齿造成了很大的影响。

糖虽有热量，却没什么营养，在饮食乏善可陈且营养不足的地方，糖的作用是补充热量。随着糖越来越多，越来越便宜，它在英国大众生活中的重要性与日俱增。正如西敏司所说的那样，糖从昔日在巨富之家担负"炫富"之任的奢侈物，逐渐成为普罗大众日常生活中的必需品。工业生活当中能忙里偷闲的片刻，糖可以让生活滋润一点。生活再忙再难，有糖吃的话，好像也就没有那么苦了。无论是从糖能补充热量还是其具有的象征意义来看都是如此，因为即便在糖已成为劳苦大众生活中再正常不过的组成部分之后，它与富裕阶层的那段昔日旧情依旧隐约可见，这一点跟茶很像。就像西敏司所说的那样，糖是一众"令人渴望的"消费品中的一员，能让消费者感觉自己可能"因为消费标新立异而变得非同寻常"。[4] 当年，只要是看重社会地位的地方，能吃得起糖的人就仿佛无形中高人一等。

从遍布全球的生产网络来看，糖是经济和政治体系发展的基础所在，而这一体系靠的正是人们对糖的依赖程度"增大"的这种可能性。实际上，英国政府还有像简·奥斯汀笔下虚构的伯特伦爵士这样的商人，在继续开拓他们的殖民地或种植园的同时，努力推高英国国内对糖的需求。将殖民地出产的糖加到同是在殖民地出产的茶当中，既确保了大众可以养成喝甜茶的习惯，又能保证政府和商人有钱赚。因此，糖不仅让权贵阶层赚得盆满钵满，也令数以百万计的平民百姓切实感受到了阶层上升的可能性，尽管通常情况下这只不过是甜蜜的幻想而已。从马克思主义的角度来看，精制糖确实堪比"大众的鸦片"，并且"民众爱吃糖这件事象征着制糖业是成功的"。[5]

## 巧克力

有一款巧克力的标签上这样写道："巧克力……千里迢迢去远方，帮助最好的可可品种茁壮生长、欣欣向荣。与可可产区的原住民，即古老知识的守护者交好、互敬和共赢。与过去相遇，与未来相连。"这款浓度 70% 的黑巧克力原料采用来自委内瑞拉单一源产地的可可豆，由意大利托斯卡纳一家名为娅曼蒂（Amedei）的巧克力制造商生产。这是一种奇怪的话术，不仅因为它是一种夸张的营销话术，还是因为它似乎无意中唤起了巧克力殖民主义和剥削劳动力的痛苦历史，尽管它勾画出的是一个关于巧克力的原产地和将工人的浪漫化的当代梦想。就像茶和咖啡一样，巧克力也有类似药物的作用——有人说，它可以缓解生活中的忧虑。巧克力，就像茶和咖啡一样，在其历史的很长一段时间内都是一种饮料，而且在很大程度上是一种卓越的社交饮品。

　　与咖啡一样，巧克力的主要市场也远离其种植地。可可树在潮湿的热带条件下长得好，似乎最早是出现在如今的墨西哥，是奥尔梅克人（Olmec）最先将可可树种子制成饮料的。在很久以后，约在公元1000年，玛雅人就将巧克力用作一种仪式饮料。他们用一种木雕的旋转"搅拌器"将可可粉打发起泡，如今这种东西在墨西哥被称为 molinillo，意思是磨坊。他们把这种用可可粉制成的饮料称为可可利口酒（xocolatl），即"发苦的水"，而我们所说的"巧克力"一词就由此而来。无论是整颗的可可豆，还是磨细的可可粉，都是用在玛雅婚礼或祭祀上的物品，它们也被当作向统治者进献的贡品。可可曾是一种奢侈品，也曾被用作货币，就像当年花椒和肉豆蔻在欧洲经历过的那样。战士们在上阵之前会喝可可利口酒来提神醒脑、振奋士气。阿兹特克人的家园太过寒冷干燥，不适合种植可可。不过随着阿兹特克帝国扩张领土，他们有了新的农田，于是可可贸易为阿兹特克商人带来了滚滚财源。

　　16世纪，西班牙殖民者在征服墨西哥后，将可可带到了欧洲。随着越来越多气候温暖的国家沦为欧洲人的殖民地，可可的种植范围进一步扩展到世界各地。到了 20 世纪初期，可可产量猛增，这与甘蔗种植园迅速发展大约是在同一时期。当时，巧克力屋在英国如雨后春笋般涌现，其中第一家巧克力屋是在 1657 年开业的，此时距离第一家咖啡馆诞生还没有过去多久。许多场所都供应巧克力和咖啡，男人们会聚在一起畅饮，进行社交，交换信息和谈论政治。当然，咖啡最终胜过巧克力，更加受人青睐。

到了 18 世纪，新技术能够更有效地将可可豆磨成糊状。到了 19 世纪，法国和荷兰开发出了新技术，使巧克力制造商能够从巧克力中分离出可可脂，进而生产出可可粉。由此，一些国家的巧克力制造商得以实现生产固体巧克力的目标——这些国家已经在非洲和其他气候较温暖的地区建立了殖民地，可以在这些地方种植可可。生产巧克力糖果、巧克力棒和"其他巧克力食品"（而非"巧克力饮品"）的主事者是英格兰某些有影响力的贵格会[1]家族：弗莱斯家族、朗特里家族和吉百利家族。贵格会巧克力的工业发展历史堪称用工薪酬的一大创新。早期的贵格会教徒确实是通过奴隶贸易发家致富的，不过到了 19 世纪，大多

---

[1] 也被称为公益会，是一个起源于 17 世纪中期的英国及其美洲殖民地的基督教派。——编者注

## 第 5 章
社交饮料与现代

数贵格会教徒都是废奴主义者,他们竭力避免在田间地头用奴工,这也为英国的产业工人创造了更好的生活条件。企业家们建造了住宅区,并将自己的员工视为"企业大家庭"中的自己人。不过,并非所有巧克力生产商都有这般好心肠。

就像咖啡、茶和糖一样,巧克力也成为中产阶级"买得起的奢侈品"。不过,与咖啡和茶不同,巧克力与庆祝活动的关联性更强。1861 年,理查德·吉百利(Richard Cadbury)就是将巧克力与浪漫联系在一起的行家里手——他将巧克力放入红色心形纸板盒中,这一创意使巧克力于 19 世纪末成功打入美国市场。巧克力具有享乐和性诱惑的象征意义,每年 2 月 14 日情人节它都会作为多愁善感的意象来到我们身边。在"二战"后初期的日本,巧克力和情人节已经成为同义词,同时糖果行业的发展促进了巧克力的销售。美国女性会期待爱人给自己送来巧克力当礼物,而日本女性则将巧克力送给她们生活中的所有男性,包括那些与她们并无恋爱关系的男性,义理巧克力(giri choko,也称作 obligation chocolate)就是她们送给同事、老板以及恋人的礼物。据糖果行业相关人士称,日本有"回礼"的传统,于是日本人借此设立第二个情人节,要求在这一天回送巧克力。于是 3 月 14 日,

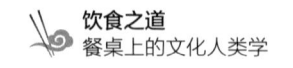

即2月14日情人节的一个月之后,日本还会过白色情人节(White Day),凡是在2月14日情人节从女性那里收到棕色巧克力礼物的男性,都会送女性白色巧克力作为回礼。

第二次世界大战期间,美军在给士兵的口粮包中加入了巧克力棒,这是效仿英国早期的做法,不过仪式感没那么强,也不够浪漫。1937年,美国政府要求好时公司(Hershey Company)生产一种专供军事紧急用途的巧克力棒。美国政府想要一种四盎司的口粮巧克力棒,要求热量高、耐高温。政府方面希望这种巧克力棒不以味道取胜,不希望士兵吃它是为了开心。于是"D口粮巧克力棒"就应运而生了,它由巧克力、糖、脱脂牛奶和燕麦粉混合而成,正合美国政府的心意。读到这里,各位可能也料想到了,D口粮巧克力棒在"二战"后从未成为过老兵们挂念的对象。不过,多亏有了它,好时公司在美国市场占据了主导地位。在大西洋彼岸的英国,也有类似的巧克力棒,即本狄克斯公司(Bendic)的"运动和军用巧克力"(Sporting and Military Chocolate)。虽然这种巧克力现已停产,不过它当初带给巧克力的那种阳刚的雄健气质,是任何心形巧克力情人节礼盒都可望而不可即的。1953年,埃德蒙·希拉里爵士(Sir Edmund

# 第 5 章
## 社交饮料与现代

Hillary）和丹增·诺尔盖（Tenzing Norgay）在攀登珠穆朗玛峰的探险之旅中，对肯德尔薄荷蛋糕（湖区的一种甜食）的依赖程度众所周知，因为英国当时仍实行战时巧克力配给制，不过从此以后，所有攀登珠穆朗玛峰的探险队都会携带巧克力。我们（作者）中的一个人曾沿着道拉吉里峰（Dhaulagiri）和安纳布尔纳峰（Annapurna）之间的喀利根德格河（Kali Gandaki River）徒步旅行，她的那份巧克力被她的向导给偷吃掉了，这位向导趁她睡觉时没了踪影。虽然没有了巧克力这种总能提供能量和慰藉的东西可吃，但她依然独自强撑着。

如今，巧克力在世界范围内主要是一种甜食，与糖一起来吃，不过巧克力其实也是咸味食品的组成成分，其中最为著名的是墨西哥辣酱（Mole）——瓦哈卡州和墨西哥其他地方美食中常见的食物，与可可的发源地离得不远。墨西哥辣酱是一种口感层次分明的精致吃食，通常包括不下三十种原料，并且家家户户都各有各的做法。制作墨西哥辣酱非用专门的可可才行，普通的可可根本做不出那个味道。

层出不穷的巧克力营销活动，确实能给过往那段剥削的黑历史平添浪漫色彩，不过现在许多业内人士都对巧克力工人的劳动条件格外关注。如今，拉丁美

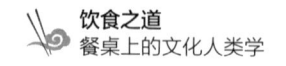

洲的巧克力很多都是来自巴西、秘鲁、厄瓜多尔和多米尼加共和国。虽然 2019 年重建墨西哥古老可可产业的努力已经初见成效，不过相对而言，墨西哥的可可产量还不是很大。许多消费者对撒哈拉以南的非洲仍在几乎奴役可可劳动者的状况深感不安（虽然这些地方已经不再是殖民地，可对劳动者的剥削却变本加厉）。一些可可生产厂家也开始改善其生产方式。公平贸易（Fairtrade）和平等交换（Equal Exchange）等组织已开始证明巧克力产业并未造成环境伤害，并且对工人也很厚道。茶和咖啡的生产厂家也是如此。

## 咖啡

咖啡可以说是无处不在，至少在进口咖啡豆的国家是这样。不过，在出产咖啡的国家里，本国人反而很少有人喝咖啡。这是因为其中存在巨大的经济水平差距：在大多数喝咖啡者与大多数种植咖啡者之间，生活水平实有天壤之别。只有在巴西，种咖啡的人才会经常喝咖啡。不过，只要是喝咖啡的地方，咖啡就可以说是无处不在，除年龄因素外，社会所有阶层的人们都在消费咖啡饮品。和茶一样，咖啡通常被视为成年人喝的饮料。种植茶和可可受环境影响特别大，

# 第 5 章
## 社交饮料与现代

咖啡同样也是如此。赤道南北 25 度的热带和亚热带地区最适合种植咖啡。海拔和湿度对咖啡的品质也有不小的影响，按照专家的标准，最好的咖啡豆是长在海拔 3000~6000 英尺的坡地上，其中最出类拔萃的品种莫过于阿拉比卡咖啡豆。罗布斯塔品种也不遑多让，该品种在越南和巴西广泛种植，格外适用于制作浓缩咖啡和冰咖啡。罗布斯塔咖啡树比阿拉比卡咖啡树的生命力更强——罗布斯塔这个词的字面意思就是"强悍"，在海拔较低的地区也能长得很好。罗布斯塔咖啡树对咖啡锈病等病虫害的抵抗力更强，咖啡锈病会在咖啡树的叶片上产生典型的锈状病斑，许多咖啡生产国的咖啡树都深受其害。

咖啡最初产自也门和埃塞俄比亚，有这么一则传说：一位名叫卡尔迪（Kaldi）的牧羊人发现自己的山羊格外活泼，结果发现它们是因为吃了灌木丛中某些红色的"形似樱桃的东西"所致。在仔细端详之后，他把这种果子摘下来，并将它们带到他的伊玛目（伊斯兰教领袖）那里，想问问这种东西到底怎么回事。伊玛目试着吃了一些这种果子，结果发现它们居然能提神。在反复实验过无数次之后，当地人搞出了一种饮料：将这种果子干燥后磨碎，在水中煮沸后浸泡出一种液体。伊玛目和他手下的祭司们发现，喝了这种

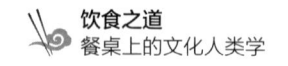

液体之后，他们变得格外有精神，即便祈祷到深夜也没有困意。关于卡尔迪的这段传说可能不足为信，不过由此可以看出，对最早喝咖啡的人来说，咖啡的药用价值非常突出。

非洲东北部大约在公元6世纪开始种咖啡，阿拉伯商人从这里用袋子装咖啡豆带到欧洲，并在16世纪初将咖啡带到马耳他和伊比利亚半岛。后来，伴随着少数欧洲人的足迹，咖啡进一步向北和向西传播。船将咖啡运至西西里岛，16世纪30年代咖啡传到了威尼斯。不久之后，16世纪中期，葡萄牙传教士和商人将咖啡带到了位于远东的日本，当时日本人把咖啡当药来用，特别是用于治疗睡眠问题。

17世纪初，一位来自希腊克里特岛的年轻学生纳撒尼尔·卡诺皮乌斯（Nathaniel Canopius）将咖啡带到了英国牛津，并在他自己的大学宿舍里供应咖啡。最终，一家咖啡店在牛津开业。同年，即1652年，身世神秘莫测的帕斯夸·罗西（Pasqua Rosee）——人们至今还没弄清他到底是希腊人或亚美尼亚人——在如今被称作"伦敦金融城"的地区开设了伦敦的第一家咖啡馆，这家店深受商人和银行家阶层的青睐。几十年后，咖啡店在欧洲大陆的维也纳站稳了脚跟，这是咖啡取得的又一个发展。可惜个中详情我们已无

## 第 5 章
### 社交饮料与现代

从知晓。下面这个故事可能脱离了史实,不过也有可能只是个神话传说:在公元 1683 年的维也纳之战中,奥斯曼军队战败,撤退时来不及带走一些驮着麻袋的骆驼。其中几个大麻袋中装着一种维也纳人不认识的奇怪豆子。波兰人格奥尔格·弗朗茨·科尔切茨基(Georg Franz Kolchitzsky)当时为奥地利人做翻译,他与奥斯曼土耳其人打过很多交道,一眼就看出这正是咖啡豆。他把这些袋子带回了维也纳,并于 1686 年创办了据说是欧洲大陆的第一家咖啡馆,名为蓝瓶咖啡馆。只要是新鲜事物,难免会遭遇阻力。神职人员曾以"咖啡助力伊斯兰教削弱基督教影响"为名,呼吁克莱门特八世这位 17 世纪早期的教皇封禁咖啡。可当教皇亲口轻啜咖啡时,忍不住大加赞叹:"这种撒旦的饮料可真好喝!我们要给咖啡施洗,让它成为真正的基督教饮料,这样就可以骗过撒旦。"[6]

很快,伦敦的巧克力屋纷纷变成了咖啡馆,咖啡一枝独秀,直到茶取而代之。当时英国人没有在他们的殖民地种植咖啡。到了 17 世纪中叶,荷兰人开始在斯里兰卡(当时的锡兰)种植咖啡,并从那里开始将咖啡种植范围扩大至爪哇和整个东印度群岛。当年,爪哇的荷兰殖民地最终在国际贸易中取代了也门摩卡(以也门港口城市的名字命名),因此爪哇这个名字在全球范围内成为咖啡的代名词。在英国的北美殖民地，茶不如咖啡那般受欢迎，这在一定程度上是因为茶与英国之间有千丝万缕的关系，而英国剥削起美国民众来可谓是不留余力，虽然这种剥削方式与英国剥削加勒比海地区奴隶的方式有所不同。1773年的波士顿倾茶事件（Boston Tea Party，又称波士顿茶党事件），凸显出茶是英国实施殖民控制和无代表权也要纳税政策的象征。在此情况下，咖啡馆成为革命的温床，咖啡和政治之间自然就有了某种联系，即便在美国独立战争结束以后，在纽约和费城等地这种联系仍然延续了很长一段时间。

咖啡和茶这两种饮料都是很早就以提神醒脑而闻名的，又都与戒酒节欲联系在了一起。这两种饮料甚至还与言论自由联系在了一起，因此难免会引起批评者和敌方的关注，尤其是统治者就更在意了，他们担心手底下的老百姓会在自己控制范围之外的场所结社集会。在英国，咖啡馆曾差点被取缔，不过最终咖啡仍在英国社会雄踞显赫的地位，英国人的社交活动也纷纷围着喝咖啡来展开。大家聚在一起喝咖啡，可以会面老朋友，结识陌生人，还能增长见识，缓解工作或家庭压力，寻求心理安慰。在社会理论家尤尔根·哈贝马斯（Jürgen Habermas）看来，从17世纪

## 第 5 章
### 社交饮料与现代

中叶起,通常所谓的"公共领域"开始在英国发展和传播,而咖啡就是其中的重要组成部分。[7] 公共领域是指政府与民众之间的对话空间,来自不同背景和生活条件的各色人等都可在此找到认同感,有机会说说自己所处环境的政治和经济状况。人们在咖啡馆里谈买卖做生意之余,也会谈谈国事、交流消息和表达见解。咖啡馆的社交方式委实花样不少,不过总比酒馆里那种醉眼惺忪的社交活动来得清醒,并且人们要想面对面地交流信息,就离不开咖啡馆,虽然也有批评者指出咖啡馆容易让人虚度光阴、无所事事。

到了 18 世纪,荷兰(曾对印度尼西亚进行过殖民统治)、法国和葡萄牙等国都在非洲有殖民地,也都从咖啡生意上赚得盆满钵满。到了 19 世纪末,自从 1822 年起脱离葡萄牙独立的巴西开始种植咖啡,并最终成为全球最大的咖啡生产国。20 世纪初,有一些日本农民去到圣保罗从事咖啡经营这一行,其中一些日本人回国后创建了世界上第一家连锁咖啡馆,名为老圣保罗咖啡馆(Cafes Paulista)。

咖啡在日本的成功经历本身就是一个故事。[8] 1549 年,咖啡由葡萄牙传教士和商人带到日本,不过直到几个世纪后,日本人才开始流行喝咖啡。咖啡甚至比茶还受欢迎,许多日本人日常都爱喝咖啡。在全球范围内，日本是仅次于美国和德国的第三大咖啡进口国（它们将大部分进口咖啡转化为像糖水一样的"咖啡产品"），如今日本已成为咖啡技术和发展趋势的出口国。在当代日本称作"喫茶屋"（kissa）的咖啡馆中，"日式手冲"咖啡制作技法堪称一种表演艺术。虽然这并不完全等同于茶道，不过它也传达出类似的热情好客的感觉。虽然浓缩咖啡机在日本各地随处可见，可手冲咖啡是"喫茶屋"必不可少的咖啡喝法。咖啡师会在水刚烧开还未降温的那一刻研磨咖啡。只见咖啡师转着圈地小心地将水慢慢沏在磨碎的咖啡上，咖啡粉被放置在玻璃罐上方的过滤器支架中，玻璃罐上可能带有木颈。这种风格的咖啡在老咖啡馆中很出名，据说因为是"手工制作"，所以比起浓缩咖啡更有文化底蕴。（浓缩咖啡在很大程度上是机器帮着制作的，而且还不是在现场即做即售。）手冲咖啡与虹吸咖啡都以"手工制作"闻名，其中虹吸咖啡是一种在18世纪由荷兰商人传入日本的冲泡咖啡技术。浓缩咖啡最早在日本火起来是意大利人的功劳，不过20世纪末进入日本市场的美国连锁咖啡馆则功劳最大。浓缩咖啡在日本也有自己的拥趸，对于其中一些人来说，浓缩咖啡也可以是"手工制作"的，具体取决于咖啡师使用浓缩咖啡机时所达到的精确程度。一位日本咖啡师曾这样说道："浓缩咖啡机简直如同我的加长手臂。"[9]

无论人们在哪里喝咖啡，他们都倾向于给咖啡赋予社交功能——事实上，埃塞俄比亚确实就有一种传统的喝咖啡仪式，在当地语言中"一起喝咖啡"（阿姆哈拉语中的说法是 buna tetu 或 buna inibila）是社交的代名词。据说这种仪式最早出现在埃塞俄比亚的西南部，不过如今几乎已成为风靡各地的常规活动。仪式的表演者通常都是女性，其中的仪式环节可能包括在明火上用平底锅烘焙绿色的咖啡豆，然后用研钵和研杵研磨豆子。与日本的茶道一样，这种仪式的目的是为友人奉上一杯绝佳饮品，而这个步骤需要时间。在有草盖的陶罐中，将磨碎的咖啡与热水混合、搅拌，并过筛数次，然后将其连续注入托盘上的杯中，倒满为止。来宾们有各种各样的咖啡可以喝，其中一些含糖，另一些则含盐和黄油。零食也很重要，爆米花配咖啡是主人家热情好客的标志。尽管咖啡最早是在埃塞俄比亚和也门种植的，不过埃塞俄比亚出产的咖啡花了很长时间才跻身高品质咖啡之列。精品咖啡的产地和特征各不相同，通常人们认为特定的咖啡豆代表特定地方的风土，也就是水土情况。埃塞俄比亚咖啡的爱好者都知道要在该国的耶加

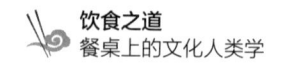

雪菲（Yrgacheffe）小镇寻找"蓝莓的味道"，并且知道哪些咖啡豆需要浅度烘焙、哪些咖啡豆需要深度烘焙。咖啡师和爱喝咖啡的游客对埃塞俄比亚咖啡的兴趣与日俱增，而当地人对此颇感困惑。虽然当地人对咖啡豆也宝贝得不得了，热爱程度丝毫不逊于外国来客，可当地人喝咖啡的口味和方法与来访的"精品咖啡"专家的那一套大相径庭。

小插曲 6

巴拿马的地道风味

## 小插曲 6
### 巴拿马的地道风味

我当时身处环太平洋山脊高处的密林之中，一名与我语言不通的男人给我示范如何从咖啡树上摘咖啡果。我们所处的这片林子可是大有来头。我们当时是在一个经过专门设计的咖啡农场里：咖啡树长在树木、灌木丛和藤蔓之间，遮阴防晒（那时一束光恶作剧般地正照在我的脖子上）。这位格纳贝（Gnäbe）部落成员的英文名字叫本杰明（Benjamin），他正在向我示范该如何采摘咖啡果，在我看来，他对这里的每个地方都了如指掌。他指着一颗又一颗的咖啡果，示意我该摘的是那种通体红色、仅茎部微微泛白的咖啡果，这种泛白的咖啡果只需轻轻一扭就能摘下来。不知不觉间，我们摘下的咖啡果就装满了一个塑料桶。这种名为瑰夏（gesha）的咖啡果经过烘焙者之手加工完成后，就能够卖个好价钱，其非同寻常的口味更是令专家们交口称赞。巴拿马瑰夏咖啡很快就在各项国际大赛中屡屡折桂。这是一种特殊的咖啡品种,该品种的咖啡树长得很慢,产量也比其他多产的咖啡品种要低得多,因此大规模种植者普遍不喜欢种这种咖啡,比如说在巴拿马低地、巴西或世界上其他许多种植商业咖啡的种植者。瑰夏咖啡是面向专业人士的精品咖啡,这种咖啡的市场在全世界每年的咖啡消耗量当中只占很小的一部分。这个比例正是我心中预想的那样,我来此处也正是出于这个原因——为了找些稀罕玩意。

我很幸运,受邀参加巴拿马西部高地奇里基省(Chiriquí)特色精品咖啡种植者的联谊活动,一起受邀的还有一些美食餐饮作家。此次机会难得,所以我欣然接受,因为此前我除了去夏威夷参观过一次咖啡种植园,还从未"去原产地逛过"(gone to origin)——业内就是这么称呼此类活动的。此次对咖啡原产地的考察活动,已经多少有点考察爱喝咖啡者是否愿意虔心到咖啡原产地朝圣的意思了。咖啡买家从一个农场到另一个农场,直接与咖啡种植者一起劳动,来到这里收获的关于生产咖啡的见闻,怕是大多数咖啡饮用者这辈子都永远无缘看到的。孕育出咖啡风味的自然条件,同样也是咖啡产业的劳动条件、环境管理条件

## 小插曲 6
### 巴拿马的地道风味

和加工各方面的条件。我们能享受品味咖啡的惬意，靠的是别人种植咖啡的辛劳。我想在种咖啡的地方品品咖啡的味道，想把手搁进土里，想去感受咖啡树上笼罩的那层不寻常的雾气。博克特（Boquete）是奇里基省众多种咖啡的小镇中的一个，这个地方正下着一场如雾般的蒙蒙细雨。风土的概念认为，从味道可以得晓土中的特别之处，我当时很想知道这到底是真是假。虽然心里已经有了些答案，但我还是想一探究竟。

不过，何为"正宗"（authenticity）很不好说。这个词的起源很古老，源自古希腊语 authentikos，意思是"真正的"或"最主要的"。在拉丁语中，它变成了 authenticus，然后在更现代的语言中又被赋予了其他含义，包括"权威"（authority）和"规范"（canonicity）的含义。该术语是指，如果你对某种事物举了一系列的示例，例如巴拿马瑰夏咖啡，那么你会发现其中一些比其他的更接近柏拉图式的理想。若非有那些近似物、复制品、仿品和彻头彻尾的赝品，或者至少是演讲者、作家想要标记出来诋毁的那些东西的存在，"正宗"这个词其实是没必要存在的。"正宗"暗含对抄袭或被抄袭这种情况的某种焦虑感，或者对仿制品的恐惧感。那些寻找"最地道"菜肴的食客们最爱用"正宗"这个词，无论是在洛杉矶的韩国城寻找黑山羊火锅店时，还是四处打听为何某种比萨似乎是代表纽约风格的缩影，或者为什么满是蓝莓的百吉饼看起来有那种令人不快的"不正宗"时。"正宗与否"其实是一种分类机制、表示有价值和褒奖的词，正如"不正宗"是一个纯粹主义者所不屑的词一样。在极端情况下，"正宗"可以说是一种对诸多社会和环境条件的迷恋，正是在这些条件之下，一种食材或一道菜才成为可能。

在博克特，咖啡种植者分析了蒙蒙细雨减慢咖啡果生长时间的方式，这使得它们在咖啡树上待的时间更久，因而能够积累更多的糖分。巴拿马瑰夏咖啡堪称好运的产物，是一种在出产美味樱桃的气候中生长的作物。经过轻度烘焙后，它散发出来的那股味道我之前在其他咖啡中所未见——介于茶般的烟熏味和葡萄柚皮之间的某种味道。它改变了我对咖啡的看法。不过这些都算不上是"正宗地道"，因为所谓的"正宗地道"是我们认为事物（包括食物和饮料）该有的东西，而非事物真正有的东西。

令我好奇不已的是，为何只要一说起食物和饮料，会有这么多人经常使用"正宗"这个词。我的脑海中不禁浮现出对此问题给出的一些解答：在工业加工原料的时代，每包面粉都与上一包面粉完全相同，

## 小插曲 6
### 巴拿马的地道风味

全都是用机器磨出来的，并且当你用这些面粉烘烤成面包时，具体的情形是可以预测的。也许若某种原料本就独特，还有轶事映衬，那么它对大众的吸引力是很强的。通过亲手加工我们所消费的物品并品其味道，我们可能会了解到其生产条件，而这些条件通常都是人们无从知晓的。在某些圈子里，这些原料还可以赋予我们更多的文化资本，就像手工雕刻的木勺要比用金属板冲压制成的勺子更为独特一样。它透着一股旧时的乡土气息，而非现代工业风格。奇怪的是，时机合适的时候，当工业产品（以及工业）表现出当代饮食方式的"正宗地道"时，它们也可以拥有产生文化的资本。在旧金山的一次聚餐上，我看到了以下的情景，当时好奇得不行：只见一位女士来的时候带着一个小手袋，她从里面拿出了三个罐子，分别是一罐豆子、一罐奶酪，还有一罐炸洋葱圈。她先把这些东西放在主人家的烤箱里烘烤，然后去制作她所谓的"中西部热菜"。对我来说，这可比我曾在印度德里街上买的萨莫萨三角炸饺还要陌生，虽然这同样也是"正宗地道"的。

我觉得烹饪上的"正宗地道"这一点就是一种哲学上的死胡同，可是这并不能解释清楚为何这个想法总是那么有吸引力。我们固然可以用"正宗地道不存在"为由,断了人们对地道菜肴的念想,可人们该怎么想还是会怎么想。"沉迷于权威"是哲学家兼批评家西奥多·阿多诺(Theodor Adorno)用来描述正宗地道心态的一句名言。[1] 事实上,只需告诉我们在哪里可以买到比萨、百吉饼,当然还有咖啡就好。我想借此重申一下我的观点:"正宗地道"可能并不存在,不过它是否存在对于实际用途而言并不重要,因为它是作为一种信念而持续存在(一种经常被热捧的信念)因此我们永远不能忽视它。无论是对还是错,在工业奉行标准化、出行范围越来越广,以及各种不同菜系的厨师和食客之间的接触程度之高前所未有的大背景之下,我们这个时代看重的是"正宗地道"的东西。我们应该继续问为什么是这样。它其实是一个社会问题,只不过看起来像是一个哲学问题罢了。

# 第6章 殖民地和咖喱

## 第 6 章
殖民地和咖喱

这是英国殖民时期的咖喱肉汤（Mulligatawn）食谱，收录于1861年版的《比顿夫人的家庭管理手册》(*Mrs. Beeton's Book of Household Management*)：

2汤匙咖喱粉、6个洋葱、1瓣大蒜、1盎司杏仁粉，少许柠檬泡菜或芒果汁，具体用量视口味而定；家禽或兔子1只、瘦培根4片；2夸脱①普通高汤（如果想要特别提鲜，最好用极品高汤）。

将洋葱切片，炒至颜色鲜亮。把培根在炖锅中码好。将兔子或家禽切成小块，微煎成褐色。放入炒好的洋葱、大蒜和高汤，小火慢炖直至肉质变软。小心

---

① 一种液体计量单位。1英制夸脱约等于1.14升，1美制夸脱约等于0.95升。——编者注

撇去浮沫，等肉煮熟后，将咖喱粉揉搓成光滑的面糊（即芡糊）。先将杏仁粉与少量高汤调和后，再与面糊一起加入汤中。加入调味料和柠檬泡菜或芒果汁调味，然后与米饭一起食用。1

以下是小说家威廉·萨克雷（William Thackeray）文中几年后英国人邂逅印度美食的场景[①]：

利蓓加想："我该装得很沉静，同时表示对印度发生兴趣……"

"亲爱的，给夏泼小姐一点儿咖喱酱。"塞德利先生说。

"你看这咖喱酱是不是跟别的印度东西一样好呢？"塞德利先生问道。

利蓓加给胡椒辣得说不出的苦，答道："嗳，好吃极了。"

乔瑟夫一听这话合了意，便道："夏泼小姐，跟'洁冽'一块吃吃看。"

利蓓加听见这名字，以为是什么凉爽的菜蔬，喘

---

[①] 此处《名利场》的引文译者为杨必，人民文学出版社2020年7月版。——译者注

# 第 6 章
殖民地和咖喱

着气回答道:"洁冽吗？好的！"

"你看这东西真是又绿又新鲜。"

辣得她放下叉子叫道:"给我点儿水，给我点儿水，天哪！"[2]

在萨克雷 1847 年至 1848 年的小说《名利场》（*Vanity Fair*）中，利蓓加·夏泼（也称贝姬·夏普）吃的辣椒与《比顿夫人的家庭管理手册》中所描述的清淡咖喱肉汤（Mulligatawny）大相径庭。该管理手册编纂的是维多利亚时代英国家庭的清淡烹饪文化。（"Mulligatawny"这个词来自泰米尔语，molagu 是指胡椒，thanni 是指水。）我们可以把这一巨大的差异称为大英帝国的殖民地与英国本土之间的差异、被征服民族的异域世界与安全的本土世界之间的差异。萨克雷笔下的场景运用了极有力道的讽刺手法，将这种差异拿捏得恰到好处：利蓓加这位野心十足的英国年轻女子，期待在英属东印度公司当收税官的英国男子乔瑟夫回国期间能拜倒在自己的石榴裙下。对她来说，若能嫁给这样的夫君，势必有助于提升自己的社会地位。为此，利蓓加使尽了浑身解数。不过，她虽然心机深沉，却浑然不知她所追求的对象在美食体验上拥有更为国际化的视野，这属实太糟糕了。当然，并不是每个长期居住在印度的英国人都会"入乡随俗"，都会把克什米尔披肩和象脚伞架带回家中，而且回到英国后依然喜欢吃南亚口味的美食。这样一来，《比顿夫人的家庭管理手册》中收录咖喱肉汤这道菜就说得通了。这道菜的味道清淡，适合英国普通大众的口味，不过很难掩盖得住浓郁的南亚味道。看到这道菜，虽然难免会让人想起印度和英属印度，不过它也绝不会倒英国人的胃口。

"殖民主义"和"帝国主义"这两个术语经常被混用，不过，它们两者描述的是不同的政治和军事现象。有时，历史学家和社会学家将帝国主义（imperialism）定义为一国蓄意扩大疆域，占领更大的领土。如第2章所述，该英语术语来自拉丁语 imperium 或 rule（规则）。殖民主义（Colonialism）这个词源自拉丁语 colonialism 或 farmer（农民），是指在新领土上建立定居点，用以种植农作物或开采其他资源。换句话说，殖民主义首先图的是经济利益，而帝国主义谋求的则是政治控制。在许多情况下，例如英属印度统治时期，早期的殖民主义让位于后来的帝国主义，而帝国主义最终成为一种独立的学说。英国殖民地罗得西亚是以殖民者塞西尔·罗得斯（Cecil Rhodes）的名字命名的，这位大英帝国的帝国主义者宣称，他想"把世界地图涂成红色"。19世纪末的时候，地图和地球仪确实红色成片，这表明当时英国已在全球各地开疆拓土。到19世纪末"瓜分非洲"时，欧洲列强在非洲占据的地盘越来越大，后来非洲大陆约90%的领土都落入列强手中。至此，帝国主义扩张已经成为欧洲列强为了在全球舞台上争夺统治地位而进行的角力，而谋求自然资源对各国来说都是一大重要目的。本章将探讨现代欧洲帝国主义和殖民主义扩张对烹饪的影响，会逐一讲述大英帝国、荷兰帝国和法兰西帝国的情况。与罗马帝国相比，这些帝国都很短命，只撑了不过几百年时间，而罗马帝国则持续了五百年之久。现代技术有助于促进欧洲列强扩大影响力，这些现代帝国确实重塑了全世界的饮食方式。

## 英国菜单上的日不落

英国对印度次大陆大部分地区的统治始于17世纪初东印度公司进入该地区。英国先是通过贸易创造财富，财富在军事实力的加持之下足可统治一方。到了1757年，印度次大陆大部分地区都处于英国东印度公司的控制之下。到了1858年，英国王室接管了控制权，印度次大陆大部分地区成为大英帝国的殖民地。英国通过其官员的言行和他们所管理的机构（包括印度公务员制度、教育体系和其他机构）在当地进行文化传播。他们将英国的社会习俗和食物引入当地（例如，政府工作人员有喝下午茶的情况），诸如"绅士鱼酱"（Gentleman's Relish）之类的英印混合食物最终出现在印度中产阶级家庭中。这种酱是约翰·奥斯本（John Osborn）于1828年发明的，是用捣碎的干咸凤尾鱼、黄油、香草和香料制成的，反映出了19世纪英国关于营养和口味的理念。它也被称为巴敦酱（patum peperium），可以在漂亮的陶瓷锅中随意滑动，不容易变质，涂在吐司上吃不仅美味可口，而且吃起来毫不费事，所以上流社会用正餐后总少不了它。

大英帝国的各种食物包括来自美洲殖民地、英国控制的东非和加勒比地区以及世界上其他殖民地的食物。不过，对英国本土饮食影响最大的恐怕莫过于地域差异巨大的"印度"食物。在英国维多利亚时代，许多家庭将《比顿夫人的家庭管理手册》奉为经典，因此，当比顿夫人回到所谓的"小英格兰"（Little England）时，她能够对大英帝国的皇家御膳了解得清清楚楚，安排得明明白白。严格说来，咖喱肉汤并不是印度汤，它是英裔印度人和他们在英国的同胞尝试搞出"印度"口味的证据。这道菜中使用的咖喱粉

## 第 6 章
### 殖民地和咖喱

是本土食品发生转变的标志：相比于任何印度汤，用杏仁粉增稠的汤其实更接近于丰盛的维多利亚奶油汤。

英国对印度次大陆的控制并非无所不在，因为有一些土邦的"岛屿"至少是半自治的。不过，英国对该地区的控制可谓是既广又久。印度驻伦敦办事处（The India Office in London）建立起了政府办事机构，与当地人接触最多的英国地区专员在他们的平房里汗流浃背地卖力工作，还好有扇子夫（punkah-wallah，一种摇扇子的仆人）拉起带百叶窗的帆布，为他们的住所扇风降温。在英属印度统治时期，专员们在印度的阴凉地儿用当地的方式来适应炎热的气候和食物（有时还会娶当地妇女为"妻"），并实现上级交代的任务。从印度返回英国后，英国人都免不了会吹嘘自己对"正宗地道"印度美食了如指掌，尽管他们在印度生活的时候一般都是尽可能地保持自己原有的饮食方式，会告诉自己的印度菜厨子（khansamar）午餐如何做烤排骨和水煮蔬菜配菜。这顿大餐英伦派头十足，英裔印度男女的着装与他们在英国的家中并无两样：西装、背心、领结、紧身胸衣和高领长裙一样都不少，不过印度的正午时光温度高达 38 摄氏度左右。当然，有些人能去到印度北部的高地度假别墅区去避暑，不过并非人人都有这般幸运，剩下去不了的人就只能留在闷热的平原上苦熬夏天。虽然远离家乡，依然不改旧俗，此等不凡之举实则深含政治意义。吃英餐，着正装，彰显身份——"我们是英国人，无论为此付出何等代价，我们都在所不惜。""这样做意义非凡，对我们来说不在话下，就算舒适性差一点又有何妨。之所以如此，是因为大英帝国的统治就是要靠我们。"能随时随地都端着英伦范儿，就足以证明他们身份的合法性。此外，英国人把自己的饮食方式视为一种文明的影响。正如一位曾在殖民地效力的英国人所说的那样，引入英国日常喝的茶是当地人进步的标志："只要他们一喝茶，就会想要糖、茶杯，就会想要张桌子，然后又想要坐椅子……要不了多久，欧洲的规矩就会全部都搬过来。"[3]

老一辈的殖民者认为，吃印度菜无异于"被当地人同化"或"忘本背祖"，不啻是在文化上叛国。"扎进集市里"（plunging into the bazaar）这种说法用来形容英国殖民者摆脱英国文明的束缚，接受当地人的行为举止、装束和明显看起来"乱糟糟的样子"，其中"集市"具有象征意义，象征印度习俗和混乱不堪。然而，随着印度饮食方式在印度次大陆及英国本土的厨房开始流行起来，大英帝国也开始有所行动。尽管在文化上得到认可的烤肉在英国餐桌上仍占据主导地

# 第 6 章
## 殖民地和咖喱

位,但也出现了根据英国人口味制作的"咖喱"。咖喱粉本身是英裔印度人发明的。印度厨师和家庭主妇不会使用这种标准化的香料混合物,他们会用一些其他的混合物,例如在印度北部使用的葛拉姆马萨拉(garam masala),以及南部的泰米尔人使用的水鹿粉(sambar powder)。通常,每个地区、每个村庄、每个家庭都有自己的香料,每道菜用的香料肯定各不相同,人们可能会用七八种不同的香料烘烤、研磨并混合成所需的任何混合物或糊状物。英国的"咖喱粉"就像格雷少校(Major Grey)发明的"酸辣酱"一样,总是比它所模仿的做法还要更通用。

在英国殖民地待过的英国人,返回故土后往往会被英国社会孤立,即便他们在文化上并未背离英伦正统,并未与殖民地原住民为伍,可依然可能会因在海外待过而被扣上"不够忠贞爱国"的帽子。至少,从印度回国的英国人经常会对在印度服侍自己的仆人,尤其是他们的印度厨子念念不忘。其中有些人甚至还会把自己的印度仆人带回英国本土,结果这些印度仆人到了英国之后很不适应,因为英国社会对他们的孤立和疏远远比对他们的主人更甚。不过,逐渐其他印度人也纷纷来到了英国,特别是那些曾为英属印度服务过的印度人,他们在这个过程中已经多少被"英国化"了。这使得咖喱肉汤和印度鸡蛋葱豆饭（Kedgeree，一种殖民时期的菜肴，由烟熏黑线鳕片搭配拌有香料的米饭，通常是在早餐时食用）等"印度"菜在英国流行开来。印度蒂芬午餐盒（由嵌套层组成的印度经典午餐桶）也传到了英国，餐盒里装着"印度风味"的菜肴，可以一解思乡之情——就像雅各布斯饼干（Jacob's Biscuits）和其他蜜饯及主食被装在礼篮中从伦敦的福特纳姆和玛森公司（Fortnum & Mason）运往印度一样。正如莉齐·克林汉姆（Lizzie Collingham）所说的那样，英国殖民地餐桌上吃的东西，堪称"（改变）英国身份的一所剧院"。[4]

## 荷兰帝国饮食历险记

如同大英帝国一样，荷兰帝国（Dutch Empire）也曾是货真价实的日不落帝国，势力范围同样遍及全球。荷兰帝国的发展历程与大英帝国相仿，都是靠运作贸易公司起家。荷兰帝国起初凭的是荷兰商人过人的商业头脑，后来更是背后有船坚炮利的荷兰军队做靠山。1602年，荷兰东印度公司（Dutch East India Company）成立，1621年，荷兰西印度公司（Dutch West India Company）成立。至此，荷兰的广泛影响力日益规范化。当荷兰共和国（The Dutch Republic）将这些公司的股份收归国有后，荷兰商人的海事和金融权力得到了本国政府强有力的支持。

荷兰商人的海上贸易发展神速，在与老牌海洋强国西班牙和葡萄牙的竞争中渐占上风。此外，荷兰人的财力更强，更擅长信息谍报工作，当时曾有大批商人和银行家从葡萄牙移民到荷兰的安特卫普和阿姆斯特丹，更是令荷兰实力大增。其中许多人是犹太人，他们是在 1492 年被迫举家离开葡萄牙的。[5] 荷兰靠香料贸易发家，所以有财力在本国大搞开发（众所周知，荷兰人搞了许多大规模的基建项目，例如建造水坝和填海造陆）。此外，荷兰人还打造了当时全球最大的商船队，波罗的海、跨大西洋和亚洲的航线尽在其掌控之下。荷兰东印度公司派专人前往马鲁古群岛和东南亚其他地区去探查香料产地，他们最终控制了肉豆蔻和丁香等香料的来源：先是控制了海路，然后将香料产地纳入自己的势力范围，而这些地方之前基本上都是葡萄牙人的地盘。

其实，是葡萄牙贸易航海路线图帮了荷兰人的大忙。16 世纪末，一名荷兰海员从里斯本盗出来一整套这种航海图。海图在当时极具战略意义，将海岸线、安全港、沿海水域深浅、潮汐不规则的情况都统统标注得一清二楚。无论是做贸易、搞政治，还是取得军事控制，都非有海图不行。正因为如此，在海洋国家个人私藏海图是重罪，往往会被处以极刑。葡萄牙海上航线图连续数代秘不外传，葡萄牙靠着航海图运回了不计其数的香料、糖和茶叶。荷兰人从研究葡萄牙的海图入手，慢慢把目光转向葡萄牙在东南亚、美洲和非洲的领地，开始逐渐肃清葡萄牙人在亚洲的势力，接手葡萄牙人的地盘。在这些地方，荷兰人掠夺土地，奴役当地人，利用甘蔗种植园大肆剥削。荷兰人侵占的地区包括香料和茶叶种植区，如锡兰（现为斯里兰卡）及其富裕的首都科伦坡、中国台湾、科钦和毛里求斯。葡萄牙人在毛里求斯岛上发现了只有这个岛才有的渡渡鸟。而他们从毛里求斯弄到的鸟粪，为发展农业打下了坚实的基础。

为了与葡萄牙在政治和经济上展开竞争，荷兰人很快就控制了亚洲商品在欧洲的市场。此外，荷兰人还控制了圣马丁岛（St. Martin）、库拉索岛（Curacao）、阿鲁巴岛（Aruba）和博内尔岛（Bonaire）等加勒比岛屿，这些岛屿上多产的盐田也因此落入了荷兰人手中。盐是人类膳食中最不可或缺的调味品，当年荷兰商人的生意蒸蒸日上靠的就是贩盐。他们将各国奢侈的物件大量运回荷兰。荷兰人喝茶的目的与

# 第 6 章
## 殖民地和咖喱

葡萄牙人特别像,既是为了作乐,也是为了药用。众所周知,为荷兰东印度公司工作的荷兰医生给患者开的方子里就有茶这味药。

荷兰的"黄金时代"是从 1575 年到 1675 年,跨越一个世纪,这期间荷兰的财富飞速增长,在全球的实力与日俱增。随着文化普及率越来越高,荷兰急需各行各业的人才,移民人才随之大量涌入该国,令荷兰本土工业实力大增。当时,来自伊比利亚半岛的塞法迪犹太人(Sephardic Jews)、来自法国的新教徒和其他人都视荷兰为绝佳的归宿。荷兰长期以来一直是联省共和国中的一个省份,直到 1815 年才成为荷兰王国(至今仍被称为荷兰王国)。事实上,荷兰王国有时是通过对殖民地的统治才团结在一起的,这种统治力在荷兰国内发挥了保持政治稳定的力量。然而说起美食,荷兰并没有什么可以拿得出手的"民族"美食——很难说清楚什么才算是"地道的荷兰"菜,以及荷兰菜与其他国家的美食究竟有什么区别。荷兰的面包有鲜明的北欧特色,人们爱吃蔬菜,还有土豆和果树上结的果子。荷兰菜不过就是一道道家常菜肴,温馨有余而精致不足。当时荷兰的商业性渔业主要是捕捞鲱鱼,曾有一位作家称鲱鱼"决定了荷兰帝国的前途命运",[6] 因为这种鱼可以被做成腌鱼干或者晒鱼

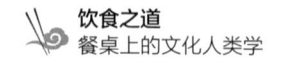

干，而且运输方便（无论是长途航行，还是熬过荷兰国内漫长的冬季）。荷兰这种保存鱼的方法对船员在长达数月的航行中保持充沛的健康活力很有帮助。因此，船只出海远航的需求，特别是对不会变质食物的需求，导致了船上饮食结构的变化。后来的探险家也从中受益匪浅，而库克船长（Captain Cook）就是其中典型的例子：他甚至将发酵食品引入了船上的餐食当中，例如可以抗坏血病的酸菜。

虽然荷兰菜的烹饪方式没有那么多花样，不过荷兰人做菜很爱用商船从外国带回来的香料。从荷兰菜的食谱就不难看出，香料在当时得到广泛使用。以1669年出版的《明智的厨师》（*De Verstandige Kok*）为例，该书将传入荷兰的异国食材用到了极致，提供以姜黄、楹梓、香菜和胡椒为特色的菜肴。然而到了19世纪，荷兰厨师开始有意避免使用刺激性更强的食材，开始厉行勤俭。荷兰人可大致分为"游历者"和"留守者"，他们的饮食也可分为两种不同的类别：如今，"家庭"菜单以奶酪、土豆、卷心菜、鸡肉和烘焙食品为主；而在餐馆或荷兰的任何一家超市里都能找到的"异国情调"食品包括高良姜、肉桂、参巴辣椒酱、沙茶酱和各种各样的调味酱，这些即便是最保守的家庭也喜欢吃。

## 第6章
### 殖民地和咖喱

正如经常发生的那样，食物从被征服的土地传到征服者的家乡，因为统治者的盘中餐反映了他们治下民众的烹饪理念。因此，"游历者"的菜单最终被带回了本国。与英国咖喱肉汤和印度咖喱鸡（chicken tikka masala）相对应的荷兰菜是"米饭桌"（Rijsttafel），这是从印度尼西亚汲取灵感的一道菜，但并非印度尼西亚的本地菜。这道菜的风格和服务最初就是纯粹为了展示财力，它起源于荷兰人在其殖民地印度尼西亚吃到过的一种很有排面的筵席：只要筵席的主人财力所及，上的菜是越多越好。事实上，当时印度尼西亚的一个荷兰殖民家庭所上的菜与他们家男仆的数量一样多（每个仆人都会端上来一道菜）。家里有40个男仆，筵席上就有40道菜的情况并不少见。"米饭桌"起源于西苏门答腊岛，不过究其根源是多民族的产物。沙嗲来自爪哇岛，仁当（一道五香牛肉菜肴）来自苏门答腊岛，还有当地华人厨师做的甜酱油猪肉。这道菜中用的甜酱油后来流传出去，在美国逐渐发展成为一种以番茄为原料的酱料。这种甜酱油其实最早脱胎于酱油，通常含有发酵的鱼露或虾酱，并且可以由其他产品制成，例如酸梅，或者在英国可以用核桃或蘑菇制成。

荷兰人对膳食的兴趣浓厚，这在荷兰绘画中体现

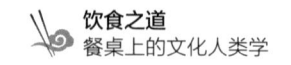

得很充分。在荷兰的"黄金时代",即荷兰帝国势头正盛之时,荷兰静物画洋溢出对本国财富和影响力的自豪感,所画的对象经常是荷兰控制下那些热带国家的土特产。在看似平静的欧洲家庭场景中,厨房的桌子或盖着布的餐具柜上会出现异国情调的食物。一把小削皮刀和曲线优美的一片柠檬皮(这种水果价格不菲,因为都是从荷兰在加勒比地区的殖民地运来的),看似随意之间,却巧妙地彰显出帝国的影响力。当时,画家们在作画时常会描绘聚宝盆的形象,盆中熟透的水果和坚果装得满满当当,象征着势不可挡的泼天富贵。这一时期的绘画极重细节,细微处见真章,有时还用作描述稀有植物的科普插图。这些画作通常还包含荷兰人对海洋的掌控和依赖:一条鱼可能会挂在桌子的一侧,旁边放着一篮子牡蛎和蛤蜊。狩猎能力是通过野兔或猎鸟来表现的。但这些画作并不仅有简单的庆祝意义,它们还包含有关贪食和身亡、所有权的短暂性,以及生命本身的道德伦理的叙事。人们从一碗熟透的水果通常可以看出某个苹果或橙子快要坏了。权力就像苹果一样,会因内部腐朽而消亡。食物固然代表威加四海,但同时也最适于昭示帝国转瞬即逝的本质,其中充满警示意味:趁着帝国未倾,千万要守好它。

第 6 章
殖民地和咖喱

# 香肠与荣耀，那是法国菜

许多年前，在巴黎的一场户外音乐会上，本书的两位作者不小心被裹进詹姆斯·布朗（James Brown）的粉丝人群当中，一时脱身不得。不料其中一位作者被一旁的一辆香肠售卖车绊倒，结果脸朝下一头栽在鲜红色的生香肠上。她身上沾满了油腻腻的红色汤料，脚踝也擦伤了。可当好心人把她从腻乎乎的香肠堆里搀扶起来的时候，她非但不领情，嘴里还不情不愿地直嚷嚷："别，别，等等！没看到吗？这些可是北非口味香辣肠（merguez）啊！"这种香肠是法国人从殖民地带回巴黎的一种食品，对于我们来说，它可要比从詹姆斯·布朗的那帮阿尔及利亚粉丝队伍中脱身出来重要得多。北非口味香辣肠通常是用羊肉或牛肉做的，用小茴香和辣椒调味，并配有红辣椒酱。看到这种辣肠，我们不禁想起法国对北非的殖民统治，还能想起来北非文化对前殖民宗主国法国产生的影响——通常是通过前法国殖民地民众的移民活动传过来的。然而，北非口味香辣肠在法国仍然颇具异国风情，这也充分说明了法兰西帝国烹饪体验的独到之处：即使殖民活动改变了"六边形"（法国的国土轮廓大致呈六边形）内的饮食方式，但许多法国人并不

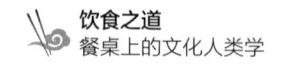

承认正在发生这种情况，就好像法国文化和文明纯粹至极，一直都没变过似的。

更准确地说，法兰西帝国是两个连续的时期：一个时期始于 16 世纪法国在北美掠夺土地、建立殖民地，随着 1815 年拿破仑时代的终结而结束；另一个时期则始于 1830 年法国征服阿尔及尔，随后其势力范围扩展到占领西北非的大部分地区、东南亚中南半岛及其他地区，一直持续到 20 世纪。法兰西帝国主义者经常宣称他们肩负传播文明的使命，从而使他们的政治计划合法化。在法兰西帝国存续的两个阶段中，法国的领土从北美延伸到北非，从西非延伸到波利尼西亚。它还占领了中东和印度一半的领土，并将加勒比海和印度洋上极具商业价值的诸岛收入囊中。在 19 世纪末法国城市举行的盛大博览会上，代表法国治下所有种族的当地人游行活动展示了帝国的实力和疆域。[7] 这些背井离乡的外族人也会在类似立体模型的小布景上演出他们的"日常生活"。这类展览在一定程度上是在向法国民众灌输一种优越感——这些外族人是生吃食物的吗？他们甚至可能是食人族，对吗？无论如何，这些异族人都是落后的、需要开化的。他们要想有所长进，饮食方面的改变怕是少不了的。

# 第 6 章
## 殖民地和咖喱

1830 年至 1962 年间，法国占领了北非马格里布的大部分地区，包括阿尔及利亚、摩洛哥和突尼斯。正如印度食品改变了英国人的口味一样，蒸粗麦粉和其他北非主食也成为法国殖民者膳食的一部分，后来这些吃法还传回了法国。然而无花果、枣子和玫瑰香料并未从根本上改变法国人对法国菜的看法：巴黎过去是法国的核心，现在依然如此。巴黎的餐馆和厨师曾执世界烹饪文明之牛耳，也是他们民族自豪感的源泉。巴黎的餐馆和厨师早在 18 世纪就已获得了这一地位，在此之前，个人厨师一般寂寂无闻。安东尼·卡雷姆（Antonin Carême，1784—1833）和奥古斯特·埃斯科菲耶（Auguste Escoffier，1846—1935）等著名厨师和作家确立了他们高级烹饪品评者和法国烹饪风味仲裁者的地位。在国土轮廓大致呈六边形的法国，烹饪特色绝非一成不变。法国各地的美食各具特色，其中许多特色都彰显出当地的风土人情。但这是法国的内务，是法国生活的特征，而非法国殖民主义意识形态的组成部分。在六边形的法国本土之外，对法国烹饪特色的一种更独特的看法占据了主导地位，认为这是"普遍的、世俗的'烹饪文明使命'的一部分"。[8] 做"法国菜"和上"法国菜"（而不是法国任何一个地区的地方菜）成为法兰西帝国对旅居海

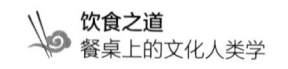

外的法国人的硬性要求，就像英国人在印度仍坚持自己本国的饮食文化一样。

法国殖民地种植的农作物反映了法国人的口味。尽管该种什么农作物必须适应当地的生态环境和气候条件，但也必须要迎合法国的饮食口味和烹饪手法才行。在阿尔及利亚和突尼斯这样拥有大量穆斯林人口且不饮酒的地区，并不妨碍法国殖民者在那里种葡萄，这些地方出产的葡萄量非常大，足以支撑法国庞大的葡萄酒业。当时，法国人号召法兰西帝国殖民地的边陲地区所种的粮食作物和饮食都要朝"正宗法式"风格靠拢：吃面包而不是吃大米或木薯，还要有肉类和蔬菜。所有这些都是按法餐的做法来，不过多少脱离了现实情况，做起来成本也高。即使到了今天，在法国的海外领地，例如加勒比海的圣巴泰勒米，许多原料都是从法国空运来的，甚至连新鲜的鱼也是漂洋过海而来的。

1995年6月，从餐车上掉落在法国共和国广场人行道上的生香肠不只是外来移民的街头食品，也是美食家们钟爱的食物，是一种在马赛节日期间用于庆祝的"正宗民族"食品。[9]这些香肠也流传到了海外（讽刺的是，它们就好像有法国护照庇护似的），美国佛蒙特州和威斯康星州但凡有点手艺的肉贩子都会做这种香肠。看到此情此景，人们心中想起的不是这些香肠在北非的根，而是将其发扬光大的法国风情。尽管法国人对法国菜的理解仍然存在局限性，不过日常法国菜的做法比以前要更加包容。街头小吃，如北非口味香辣肠、蒸粗麦粉、"印度支那"面条和"克里奥尔"炖鱼，已经融入每个法国人的词汇和饮食中，并且来自法国以外的食物（尤其是来自日本的食物）对法国的高级厨师影响颇深。这意味着法国对文化调控机制的限制日益宽松，厨师得以适应和学习借鉴世界各地的美味佳肴。

## 小插曲 7 冷藏柜

## 小插曲 7
### 冷藏柜

当时,我跟在后门敞开的卡车后面猛跑,车上融化的冰水滴落在路上。趁着贩冰人短暂停车之时,我终于追上了他的车。他拿起一把坑洼不平的木柄碎冰锥,从一个大冰块上弄下一些碎冰。他把这些碎冰片放进我的搪瓷锡杯里。这时我表妹也气喘吁吁地赶了上来,他在她的杯子里也放了些碎冰片。

每隔四五天,贩冰人就会驱车前往明尼苏达湖边的小屋,我们家每年都会在那里待上三个月,那几个月也是一年当中蚊子最凶的时候。贩冰人在此地为我们的冷藏柜送冰块,那是一个厚壁的大家伙,就放在厨房外的一间小型食品贮藏室里。冷藏柜内衬镀锌板,用软木来隔热,有时我们会发现地板上有一些剥落的软木碎片。厨房的事儿都归我祖母莉娜(Lena)管,她对冷藏柜这种新玩意儿根本看不上眼,虽然

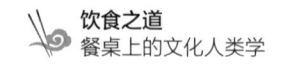

她的女婿，也就是我的姑父，就在美国明尼阿波利斯市经营着一家电器店，并且我的姑妈也一直央求她使用冷藏柜。说起保存食物，我的祖母自有她的一套妙招：密封装罐、做酱和腌制。烹饪不仅关乎食物的味道，也关系到食物的保存和防腐。

戴夫叔叔捕到鱼之后，必定会在屋后那个大木板上把鱼收拾干净。如果当晚不把鱼吃掉的话，鱼就会被放进桶里用冰镇着。花园里的蔬菜摘下来之后，当天就会被清洗干净吃到我们的肚子里。我们当时之所以还留着冷藏柜，就是为了让牛奶、奶酪、鸡蛋和黄油能够保鲜。

后来我们终于有了一台冰箱，这意味着我们可以用它来保鲜、存放来自双子城（Twin Cities）的冷盘肉片、我们做菜剩下的料，甚至连腌鲱鱼也可以放进冰箱里去。当然，这种东西实际上并不需要放冰箱冷藏。许多年后，直到我的祖母去世，戴夫叔叔收拾的鱼才终于用上了冰箱。

祖母做的莳萝腌黄瓜的味道，还有大热天从冷藏柜里泛出的丝丝凉意（"快关上门！要不冰就要化了！"）是一种脑海深处的感官记忆。它们使我忆起昔日我家每天是怎么过日子的，想起了在大的文化背景之下我们这个小家的样子，而所有这一切都发生在

## 小插曲 7
### 冷藏柜

一个特定的历史时刻。从历史角度来说，记忆并不太靠得住，不过它对个人而言却充满了意义。只要是记忆，总会有欢欣有失落，有恣意有伤痛，各有各的道理。对食物的记忆不仅可以让我们追忆往昔岁月，还能记起来那些可能对我们的记忆心有戚戚的故人。有时，我们与同代人或我们自己的家人交谈时，可能会听到一些令自己大感意外的事情，或者与我们自己的记忆相矛盾的事情。会不会是有些事情我们自己没记清楚呢？不是说记忆中真实，就用不着再调查清楚了。

我曾和一位朋友交谈时得知，她的母亲此前一直有用洗碗机的执念，而另一位朋友则好端端地放着食品加工机不用，而是找出了她母亲当年用的手动绞肉机，用绞肉机来做"地道纯正的"蔓越莓香橙酱。我们都曾在不同年代的厨房用具之间举棋不定，我们的选择总是前后矛盾，有时候怀旧之情泛滥，而有时却一心只想提高效率。有一次，我在搅拌做水果蛋糕用的面糊，面糊量很大，用立式搅拌器根本装不下。我清楚地记得，虽然我的祖母患有关节炎，但她还是会把一个巨大的碗放在地板上，自己跪在地板上亲自搅拌。于是我蹲在地板上，用手在曾经用来给婴儿洗澡的大水盆里搅拌硬挺的水果蛋糕面糊。我把自己的身

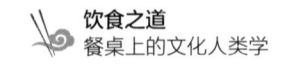

体当作厨房工具来使。我想："哦，做饭就是这个样子吧！"对此我还多少有些自豪呢！不过，我祖母真的是这样做面团的吗？

用上了冰箱，就意味着现在可以买或种更多东西，我们将这些东西分袋装起来冷冻即可，根本无须再用盐水泡、做成泡菜、用盐腌制或密封装罐，而这些方法都既费时间又花精力。罐装时，我们还必须确保把果酱罐密封严实才行，不然里面的食物很容易变质腐烂。而使用冰箱的话，牛奶的保存时间也能更久，也更安全，我们还省去了每天去买菜的时间，并且不用非要一次就把所有残羹剩饭都解决。这样一来，家里管做饭的人就可以把更多心思放在如何把菜做得更可口上，无须为食材是否新鲜和安全而劳神。由于自己做罐头、做酱和弄泡菜已经变得不再那么重要，所以这些已经纯粹变成怀旧时的乐趣。就在我写本这本书的时候，用糖浆煮过的柑橘皮正被放在我家暖气片上的盘中烘干，虽然这样做完全没有必要，不过却令人感觉很开心舒服：闻着它们的香气，让人不禁对昔日乡间那种食物保存方法刮目相看。不过，虽然莉娜奶奶对电冰箱不感兴趣，可这并不意味着她连食品储藏室里的小盒果冻也不喜欢。她安于自己的选择，懒得解释这到底是守旧还是进取。

# 第 7 章 食品工业革命

# 第 7 章
## 食品工业革命

40 至 60 年前,全郡的北部、西部和东部的部分地区都是牧羊的地方。仅仅 30 年前,其中大部分地方仍处于这种状态。归功于下列情况,农业转型情况取得了很大的改进。

第一点,在没有议会协助的情况下圈地。

第二点,用了大量的泥灰岩和黏土。

第三点,通过引进一种优良的农作物。

第四点,通过手工耕种来种萝卜。

第五点,通过种植三叶草和黑麦草。

第六点,通过与房东签长期租约。

第七点,国家主要被划分为一个个大农场。

——阿瑟·杨,(Arthur Young,1741—1820 年)《农业经营者的英格兰东部之旅》(*The Farmer's Tour Through the East of England*)

1770年，身兼英国作家和农业经营者双重身份的阿瑟·杨到乡间游历。他在《农业经营者的英格兰东部之旅》一书中记述了他对农业的所见所得，该书是阿瑟关于不列颠群岛农业转型的诸多力作之一。阿瑟·杨特别注意到一种被称为"圈地"的做法，它在英格兰和威尔士农业中已经很成熟了，所以倡导者愈发将其视为改善农业、提高产量和降低劳动密集度的好办法。根据圈地制度，之前整个社区根据共同协议（无论所有权归谁）所使用的土地统统落入单个土地所有者的控制之下。圈地运动在英格兰和整个英国发展了很多年，而在欧洲大陆也有类似的运动。公元1700年至1900年这段时间，圈地运动为农业现代化奠定了基础，当时世界各地的饮食方式在经济、文化和社会各方面都发生了根本性的转变。最直接的效果就是，它确实提升了英国的农业生产力水平。1797年的《大英百科全书》（Encyclopedia Britannica）中这样写道："单就畜牧业而言，英国超过了其他所有现代国家。"这样的豪言壮语并未夸大其词。正如罗伯特·艾伦（Robert Allen）在其所著的《圈地运动与自耕农》（Enclosure and the Yeoman）这部书中所指出的那样，18世纪末的时候，英国农场的人均生产率比欧洲大陆的农场要高出五成左右。[1] 在18世纪，英国逐

# 第 7 章
## 食品工业革命

渐发展成为欧洲首屈一指的商业强国，并进而在 19 世纪成为欧洲领先的工业国家。

当然，对于我们通常所说的"工业革命"（通常发生在公元 1760 年前后至 1830 年前后）来说，英国之所以能取得如此巨大的技术、社会和经济变革，并非只是圈地运动之功。不过这场农业转型确是工业革命的一大推动因素，正是圈地运动拉开了工业革命的序幕。土地集中到少数所有者手中之后，以下事情就变得更容易：改变耕作方式、尝试种新作物并弃用效益不佳的作物，或者采用新式农业设备。农民之所以容易墨守成规是有原因的，变得太快太猛，风险自然就大，不按老规矩来的话，可能意味着一整年白忙活。在圈地运动开始之前，农耕方式要想有所改变，需要所有农户都同意才行。圈地运动开始之后，个体土地所有者可以自行决定是否采用新的排水系统，或广泛种植三叶草——这种作物对保持或改善土壤肥力效果显著。农业实践的变革速度就此开始加快。

圈地运动实际上始于公元 1500 年前后，此时已有 45% 的土地不再共有，成为少数土地所有者的私产。因此，截至公元 1700 年，共有土地所占的比例仅约 29%，到 1914 年更是降至 5%。阿瑟·杨在乡间游历期间，英国大多数圈地运动的实例都是按每个村庄的主要土地所有者的意思通过议会法案来落实的。尽管这些人通常都从圈地运动中得到了许多好处，可他们几乎都认为农场数量更少、规模更大，人们就可以更有效地赚取更大的收益。这里所说的收益是指农业工人赚取的工资、农民赚取的利润以及这些土地所有者赚取的租金之总和。英国的这场农业革命从本质上来说是制度性的，因为它背后的推动力并非大名鼎鼎的蒸汽机等技术创新，而是由越来越少的少数人掌握的决策权。圈地运动显著加剧了土地所有者和耕种者之间的不平等。正如罗伯特·艾伦所说："到19世纪的时候，地主的家是大豪宅，农夫的家是小房子，而劳工的家则是破屋子。"[2]

工业化浪潮始于英国，并很快席卷整个欧洲大陆。就目的而言，我们将工业化定义为从农业经济向制造业经济的转变。现代化以工业化为前提，是一个更广泛的术语：它涉及城市化，围绕生产力目标来重组社会，倾向于淡化家庭作为社会单位的概念，转而倡导将个人作为最重要的社会单位，以及社会学家马克斯·韦伯（Max Weber）所说的"合理化"，即注重经过估算的目标，而非通过传统来传达的价值观。从多方面来看，当年英国的工业化进程确实促进了发展和进步，不过，如果是从劳动人民的角度来看，这

## 第 7 章
食品工业革命

一时期所取得的进步看起来也并没有那么非凡。英国政府倾向于通过立法让土地所有者、申请专利的发明家（特别是在1852年英国政府设立英国专利局之后）和其他商人受益。英国的工业化催生出查尔斯·狄更斯笔下的社会人生百态，包括孤儿工人和济贫院，并且一代又一代的社会批评家也随之应运而生。在这些社会批评家看来，工业化和现代化不仅导致了阶级斗争，还弄得都市大众的日常生活变得没有人情味。关于现代化有很多悖论，其中一个悖论认为：尽管"发达的"世界确实拉大了贫富差距，可它同时也让更多的人能够获得更多的资源。

工业化时期也是时代的幸运儿快速积累巨额财富的时期，也是城市化快速推进的时期，在这期间社会生活在很多方面都发生了变化，而这些情况至今仍然存在。当时各行各业的社会分工分得更细，分类也比以前更专业，我们如今的劳动分工就是从这里来的。有一点对于烹饪和饮食的转变至关重要，那就是将工作场所与家庭生活区域分隔开来。倘若没有这种社会安排，我们如今在家做饭和在外用餐的饮食习惯是永远不会出现的。虽然许多女性和男性仍然在家工作，可从家到工厂或其他工作场所的生活方式已经变得司空见惯，而且家庭本身作为社会生活的组织基础已经变得不再那么重要——尽管许多人中午还是在家吃饭。被改变的不只是家庭，工作年度的季节性时间表也是如此。种植和收割有其自然周期，农场的农活儿也是按着这个周期来进行的，而工厂并无自然的时间表，甚至罔顾工人需要休息这一基本需求。

新的劳动分工不仅改变了工作场所和家庭生活的方式，还极大地推动了烹饪美食书籍的创作和销售业务的发展。在18世纪末和19世纪初的时候，购买美食书籍的主要消费者是新的一类人——中产阶级妇女，因为家务事她们说了算。在此情况下就出现了一种观念：家庭主妇（其中许多人家中原来的厨师和其他佣人都去了工厂工作）需要用各种手册来学习烧饭、收拾家务和紧急处理小病和轻伤。这种观念就仿佛是凭空出现的一般。当然，或许有的老奶奶做饭真的很棒，不过她算不上是"科学的"或"现代的"的厨师，也就是说，她饭做得再好也没法让人信服——菜该怎么做，食谱里的窍门才最正宗。与此同时，女性开始外出工作，职场女性前所未有得多。这样一来，人们就必须找新的法子来解决家庭的吃饭问题，要确保吃得干净卫生，并且每天都必须如此。去餐馆吃饭这种就餐方式本身并非工业化的产物，不过家庭及工作的时间经过再次划分之后，对其起到了很大的

# 第 7 章
## 食品工业革命

推动作用。[3] 一方面,餐馆具有纯粹的实用功能,那些没时间做饭的人可以在此用餐;另一方面,餐馆同时也兼具历史学家那所谓的"美食"功能。当时,餐馆的饭菜堪称烹饪变革的准绳,让食客能知道当下流行吃什么,并改变了他们对饭菜质量的期望,但这通常与精英阶层关系不大。普通小饭馆和街边摊提供的食物不仅标志着人们饮食习惯的转变,还很容易让各色人等知道可能有什么菜可吃或大家都想要吃什么菜。值得注意的是,这种现象也不是现代才有的。在整个欧洲乃至地中海地区,街头小餐馆世世代代都在影响着人们的口味,往上一直可以追溯至古罗马帝国那个时期。

生产和保存食物的新工业流程也改变了人们烹饪和饮食的方式。在烹饪方面,例如基本酱料的制备,可以外包给工业生产商来做。许多传统的食品工艺,如酿造、烘焙和屠宰工艺,都因为新的生产规模的出现而改变。以前只有富人才能吃得上的白面粉,如今在普通人的一日三餐中司空见惯。数千年来,食用腌制食品一直是人类饮食方式的一大特点,而在 1809 年拿破仑战争期间发明的罐头食品出现后,其在西方世界的发展过程中一直都无处不在。通过这些技术,现代化极大程度丰富了我们可以吃到的食物种类,即

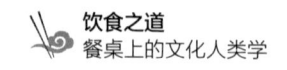

便我们远离食物的原产地也没有问题。

在许多国家和地区，铁路的出现在很大程度上改变了人们的饮食方式，因为商人得以将原料运送到远离其原产地的地方。例如，一旦法国全境的铁路网络四通八达，那么在巴黎想吃海鲜就变得更加容易、更加习以为常。最终，跨越大洋的蒸汽船突破了海洋和国界的阻隔，将食品生产者与消费者市场连接起来，进而加速了食材和菜肴的全球交易。在欧洲各大城市，以前晚间在户外吃饭都是用煤气灯照明，后来改用电灯照明。在日本，19世纪后30年因为火车交通发展迅猛，鱼就成为日本各地的常见食物。在此之前，日本除了沿海的小镇和城市外，其他地方的人是吃不上鲜鱼（或鱼生）的。

农业实践的某些重大发展，例如人工固氮科学，为20世纪人口大规模增长，以及避免20世纪和21世纪发生营养不良危机和饥荒危机打下了基础。当然，这类危机往往并不是饥荒造成的，而是因食物分配不均所致。与这些发展同时进行的是现代化进程，这意味着市场力量开始以前所未有的方式对粮食生产和分配施加影响。在英国18世纪工业化期间，城镇中出现了粮食骚乱，起因是粮食的传统安排方式失效，而此前通过这种安排方式，社区的所有成员都有希望获得一些面包或其他食品。市场作为物品分配手段的合法性开始危及社区作为权利和安全来源的合法性。从广义上来说，这些骚乱的诱因可不仅仅是"食不果腹"那么简单，它预示着后面几个世纪会出现粮食分配极端不平等的情况，甚至连富裕发达的西方国家也概莫能外。[4]在市场力量面前，农民阶层变得脆弱不堪，这是此前历代农民都未曾遇到过的情况，因为之前的统治阶层一直都将农业视为维持生计和公共福利的大计。

## 农业革命和工业革命

早期对英国工业革命的看法认为，这不过是一场突然兴起的"小玩意儿浪潮"（Wave of Gadgets），偶然促成了持续的技术进步和经济增长。如今时兴另一种更为精妙的观点，当今的历史学家对各项发明、劳工组织新的做法、政府法规和经济变革所产生的各种影响进行抽丝剥茧般的层层分析，并观察这些不同的因素如何协同发挥作用。其中一些历史学家用经济数据来说话，认为这场变革更像是文火慢烧，远非熊熊烈焰般的变革；还有一些历史学家则认为，尽管这场变革给人们的日常生活带来了质的转变，尽管它对局部经济产生了重大影响,但工业革命对英国经济所产生的实际影响并没有之前预期的那般深远。此外,经济史学家对方方面面的资料进行了全面研究,目的是提出关于英国在18世纪中叶至19世纪中叶情况的其他各种论点:其特别之处并不在于真正普世的进步,而是阶级斗争(与社会批评家的现代故事版本一致);英国社会生活的结构性变化并没有真正促成经济的快速增长;其他诸如此类的情况。有些人甚至认为,在工业革命的早期阶段,提升农业生产力远比技术发明创造本身更为重要。公元1700年至1850年,随着在农场工作的男性劳动力的总体比例大幅下降,许多工人不再从事农业工作,转而到各新兴产业的工厂和作坊中去做工。倘若没有农业革命之助,工业革命势必也要找到不同的劳动力来源。

"小玩意儿浪潮"的成果包括蒸汽机、火车、煤气灯、理查德·阿克莱特(Richard Arkwright)的"水力纺纱机",以及杰斯洛·图尔(Jethro Tull)大名鼎鼎的播种机。这项用马匹驱动的创新技术堪称直接改变农业的重大发明,用这种机器来播种,播撒种子的速度和均匀程度都远胜于手工播种。工厂在英国全国各地如雨后春笋般涌现出来。采矿业欣欣向荣,这得益于能从矿井中抽水的蒸汽机。原材料被火车运

# 第 7 章
## 食品工业革命

送到各个工厂,加工完成后运往大城小镇和各家市场。随着工厂产量的快速增长,化石燃料的使用量也大幅增加,产煤地区的土壤植被破坏严重。

随着工厂的蓬勃发展,消费者对工厂所产商品的兴趣也与日俱增。毫不夸张地说,现代消费文化的蓬勃兴起正是工业化直接促成的。从经济史的角度来看,工业革命意味着其他行业开始超越农业成为经济增长最重要的推动力量,英国制造业的重要性开始与农业并驾齐驱。不过,正如前文所述,正是因为有了农业革命,所以才有了劳动力从农村进城到新开设的工厂务工的情况。

阿瑟·杨在其18世纪末的旅行见闻游记中对那些他认为曾为土地"改良"做出过不懈努力的农民不吝赞美之词。他详加记录了一套新的农业技术,即颇具影响力的"诺福克轮作制"（Norfolk System）,该技术因其在17世纪末首次崭露头角的地区而得名,并在18世纪日益普及开来。正如阿瑟·杨所说的那样,"诺福克轮作制的影响极其深远,绝非小农户能力所及"。这种轮作制的核心要素包括在含沙量过高而无法耕种的土壤中添加黏土或泥灰土,并在这样的土地上放牧,用牲畜的粪便作肥料。这也展示了佃农的务农方式:其中许多务农者耕种的并不是自己的地,而耕种地主的土地要交租，因此大部分农业收入都落入地主之手，所以说地主才是圈地运动的最终赢家。此外，诺福克轮作制的核心是废除"土地休耕"的四道轮作制度。第一道轮作（第一年）种植小麦，第二道轮作（第二年）种植芜菁，第三道（第三年）轮作种植大麦、三叶草和黑麦。到了第四年，牲畜可以吃三叶草和黑麦，在寒冷的冬季还可用芜菁当动物饲料。采用诺福克轮作制就不再需要休耕，因而提高了生产力，而且通过将芜菁和三叶草纳入轮作，就可确保有东西给牲畜吃，而牲畜的粪便可以用作肥料，并且三叶草还有助于增加土壤的肥力。

诺福克轮作制提升了生产力，而且还有诸多创新，因此粮食产量得以增加。这进而会提高人口增长率，并使持续改进农业生产变得愈加重要。正如托马斯·S.阿什顿（T.S. Ashton）所说的那样，18世纪的问题在于"如何让人数远超之前的这几代人吃饱、穿暖和就业"。[5] 不仅在英国，甚至在整个西欧和中欧，这一时期都出现了大规模的"资源热潮"，人们通常会为了建农场而排干沼泽地——意大利和德国等新兴现代国家正是这样做的。这也是德国作家歌德于1831年完成的伟大戏剧《浮士德》（*Faust*）的主题之一，该剧描述了主人公努力掌握自然的力量，使海洋和陆

## 第 7 章
食品工业革命

地成为人类的动力源泉,并描述了浮士德对他试图剥削的土地上的居民所犯下的罪行。

在某些情况下,以英国为例,集约化农业意味着要种更多粮食和减少畜牧用地。结果,许多人开始粮食吃得多,肉食吃得少。从中世纪向现代过渡期间,欧洲的人均肉类消费量出现下降。在 18 世纪末到 19 世纪初这一时期,欧洲以谷物为食的人口数量似乎有所减少,而谷物消费量在 19 世纪最后 25 年才达到峰值。[6] 值得注意的是,欧洲人对单一作物或单一种类的作物的依赖程度越高,就越难抵抗得住因农作物歉收而导致的粮食短缺或饥荒。对粮食生产的重视也促成了一种泛欧洲的现象:面包成为维持生计的象征,并成为衡量吃得好不好的默认标准。[7]

近代早期欧洲本质上还是个大农村,其居民的生活方式是根据粮食收成来安排的。当时,欧洲城市并不像如今这般人口稠密,大约 80% 或 90% 的欧洲大陆人口仍然居住在乡下。在大约公元 1500 年至 1800 年这段时间内,欧洲的人口(包括英国和欧洲大陆国家)不仅增加了一倍多,从 8000 万增至 1.8 亿,而且城镇化程度也显著提高。大卫·克拉克(David Clark)指出世界历史上有两次重大的"城市革命",其中第一次与农业的发展时期一致,而第二次则与工业革命同时发生。[8]如前文所述,人口增长的一大原因是农作物产量增加;另一个原因是就业增长,这意味着人们倾向于在更年轻的年龄结婚和生育,这样这辈子就能生育更多的子女。当时人口之所以会向城市迁移,主要是因为人们要去工厂上班,于是那些因圈地运动而背井离乡的农民就有了一条生路。又因为工业化的缘故,英格兰中部地区以及曼彻斯特、伯明翰和利兹都得到了发展:这些地方在18世纪的时候还基本上都是农村,而现如今已发展成为英格兰工业的中心。

随着生产效率日益提高,商业发展的步伐越来越快,城市成为经济增长的重要社会矩阵:工人、发明家、商人相互之间住得都不太远,相互走动交流很方便。这并非现代特有的现象,即使是在封建的中世纪时期,许多欧洲城市也一直是该国最重要之地,因为商人可以在这些地方踏踏实实做生意,不会有人故意来找麻烦。在工业革命之前很早的时候,城市就已是推动经济发展的引擎。事实上,城市化可以说既是工业革命的产物,也是工业革命的推动力量,因为只有在城市中人们才能建立起如此复杂而持续的社会关系,而这正是推动创新所必需的。英国18世纪和19世纪的机械能力和创新文化,正是在城市及其工厂和工人组织中形成的。这种能力不只是精英阶层有(比如科学协会中受过教育的成员），普通机械师也拥有这种能力，而革命之所以成为现实，靠的也是他们日复一日的不懈努力。技术发展也进而加快了城市化的进程，而这一进程从未停歇过，在 21 世纪初仍在持续进行中。

## 烹饪现代化

烹饪经历了其自身独特的现代化过程，欧洲消费者的口味同样也是如此。其中法国菜最为出众，并且法国菜的现代化进程也独领风骚，因为一直到 19 世纪欧洲都还是法国菜的天下。在 17 世纪末 18 世纪初的伦敦，即便是再普通不过的小酒馆，也不难见到法国厨师的身影。欧洲再度兴起吃蔬菜热，蔬菜成为千家万户一日三餐的重要组成部分。与此同时，能吃的动物种类却越来越少，苍鹭、孔雀和天鹅这样的美味在宴会桌上已不见踪影。富人不再吃山羊肉和绵羊肉，当然穷人还在吃。

近代早期出现的诸多法国食谱当中不仅提到人们想要吃哪些动物的肉，而且还提到了人们喜欢吃哪个部位的肉。这一创举颇具新意，由此生出用特定部位的肉做菜的创意：牛舌、臀肉、腰子、牛肚和牛排，

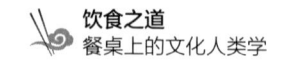

诸如此类。食谱中的配料表非常详尽，所标的用量也更精准。正如适合做肉食的动物数量减少了一样，适用的香料种类也减少了。西餐中还有一个最明显的趋势，就是在餐后会吃甜食，这种吃法是随着法国菜的现代化而兴起的。此前，尽管在做肉、做汤和做其他菜时加糖的情况并不罕见，但甜咸这两种味道终究不对付。[9]法国烹饪对整个欧洲的影响极其深远，只要看一下 17 世纪和 18 世纪那些非法国菜的食谱你就会明白。当然国家之间会存在一些差异，这是再自然不过的事情。例如，英国人判断一个国家的美食水平如何，看的是做牛肉的水准，而在意大利或法国等其他国家，更看重的是面包的质量如何。

食谱集锦在公元 1450 年约翰内斯·古腾堡（Johannes Gutenberg）发明西方活字印刷术之前就有了。在 13 世纪和 14 世纪的欧洲，这些食谱集通常出自专业厨师之手，它们比阿皮修斯和其他古代写美食的作家笔下的文学作品更具有直接的实用性和启发意义。西方印刷术发明出来之后，汇聚美食诀窍的食谱出版速度以及它们吸引读者的速度，自然而然就提高了。早期的食谱几乎都是这样来的：厨师先找到出得起价钱的主顾，这些有钱的主顾舍得出资，因而厨师先能做出精致的菜肴，然后再把做菜窍门著书出版。

# 第 7 章
## 食品工业革命

现代食谱最初并非自成一家,而是从饮食建议文献中脱胎而成,当时的饮食建议实际上也是医学建议。早期的食谱通常包含如何制作糖果和化妆品的说明,如果面向的群体是富有的女性读者就更是如此。事实上,16 世纪关于泡制或腌制配方的书籍层出不穷,内容从腌泡菜到用糖或蜂蜜制成的甜果酱不胜枚举,法语称为《果酱宝典》(*livres de confitures*)。法国出版的第一本食谱名为《食谱全集》(详见第 3 章),此书在 1486 年至 1615 年曾再版重印过大约 23 次。[10] 像许多其他早期的食谱一样,它其实是之前出版过的食谱汇编,其中包括一些早在中世纪时期就已经有的做菜窍门。就我们看来,现代的第一本英语食谱出版于 1747 年,即汉娜·格拉斯(Hannah Glasse)在英国出版的《烹饪艺术》(*The Art of Cookery*)一书。格拉斯的一大贡献在于通过糕点食谱来传达这样的信息:糖已成为一种日常消费品,而不再仅仅是富人阶层的专享。这本食谱有一个引人入胜的地方,它引入了一种与食物接触互动的新方式:读和写。这不仅意味着有关做菜的学问可成为食谱作者进行交易的某种商品,还意味着餐桌上的种种乐趣可以用文字形式来传情达意。不过,还有一点务必要特别注意:欧洲中产阶级兴起之后,厨房里能识文断字的厨师数量之多前所未

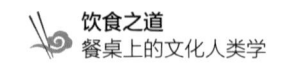

有，而此前的情况则截然相反：真正做饭的人基本上都不怎么看食谱。

做完饭之后，卫生当然要弄干净才行。随着人们对厨房新效率的期望越来越高，在家做饭的标准以及家庭和个人的保养标准也随之提高了。18世纪末和19世纪初的食谱中还包括如何制作肥皂和其他清洁剂的配方，之所以有这样的安排，自然既是为了方便家庭主妇，也是为了她的仆人（通常文化程度较低）着想。除了茶、咖啡、巧克力和糖等来自殖民地的各色食品杂货，英国人和欧洲其他国家的人开始进口油脂用来制作肥皂，包括法国人从殖民地塞内加尔进口的花生油，还有英国人从印度进口的椰子油。这样做是为了满足欧洲市场对肥皂和其他清洁产品日益增长的需求。19世纪英国肥皂的使用量几乎是原来的3倍，从每年约2.4万吨增至超过8.5万吨。由于需求量太大，以前维持肥皂工业发展所需的动物脂肪货源吃紧。欧洲人进口的食用植物油（例如橄榄油）也大幅增长，这样的好处就在于欧洲人吃沙拉时会生吃更多的蔬菜。

## 氮与人类的新世界

阿瑟·杨所调查的农业"改进"确实在很大程

# 第 7 章
## 食品工业革命

度上提升了英国农田的产量，可是土壤肥力有自然的上限，这是无法突破的。世界各地农民的做法都差不多，都是让土地休耕一个或多个生长季、使用天然或人工肥料以及轮作作物，而且常常是多种方法相结合。玛雅农民只种一季粮食，然后让土地休耕恢复肥力，有时会用刀砍或火烧来除去之前残留的庄稼。在中国汉代，农民会在田地中开三道沟，狭长地块（沟之间凸起的部分）留着不种用于休耕，为的是让其重新恢复肥力。数千年来，土壤恢复肥力的过程不仅是通过休耕来加以达成的，还要靠农民种植能恢复肥力的农作物：地球上凡是农业搞得好的地方，三叶草和其他豆类几乎都占据着重要地位。公元1世纪的罗马农业作家科鲁梅拉（Columella）建议农民使用苜蓿或药用三叶草来做动物饲料，而长期以来中国农民在对作物进行轮作时总会种些豆子。

直到现代化学发展起来之后，科学家们才知道自远古以来农民都在做什么。休耕、种植豆类和将粪便用作肥料，都是固氮过程的重要组成部分。[11] 氮是生物的基本组成元素之一（其他元素包括碳、氧、硫、氢和磷等），是氨基酸的重要组成部分，而氨基酸又是蛋白质的组成部分，核酸中也含有氮。[12] 固氮非常值得我们深入研究，简而言之，倘若没有工业规模的固氮能力，当代的农田根本无法出产足够的粮食，根本就养不活我们现在这么多人。氮（严格来说是氮气）约占空气的 80%，不过气态氮无法直接为动植物所用。氮气分子的两个氮原子之间的共价键必须被破坏，产生"固定"形式的氮，只有这样植物才能从土壤中吸收它加以利用。在没有人为干预的情况下，这是通过所谓的"生物固氮"来发生的，实际上不是由农作物自身完成的，而是由土壤中可以将分子氮转化为氨的微生物完成的。此过程当中至关重要（因此对农业也至关重要）的是根瘤菌，这种菌附着在植物根部并与植物共生，最常见的附生作物是各种豆子和三叶草等豆科作物。

工业固氮取得突飞猛进的发展是从发现氮气开始的，苏格兰人丹尼尔·卢瑟福（Daniel Rutherford）于 1772 年发现了氮气，或者更准确地说，他分离出了氮气。一个世纪后，当科学家在 19 世纪末成功地开发出将氮气转化为氨气的生产工艺时，这一发现对农业的意义之重大就显而易见了。

19 世纪的欧洲出现了进口"固定"氮的热潮，进口的方式着实令人吃惊：从秘鲁和其他鸟粪多的鸟类聚集地，用船把鸟粪运过来。这种肥料的功效早已名扬整个拉丁美洲，第一批西班牙殖民者也用文字方式

# 第 7 章
## 食品工业革命

记录过这段历史。普鲁士自然学家亚历山大·冯·洪堡（Alexander von Humboldt）仔细验看了 1804 年带到欧洲的鸟粪样本，发现其中氮和磷的含量很高，有效验证了早期西班牙的这种施肥方法是有效的。很快，海鸟粪出口成为秘鲁经济的支柱产业。英国从 1820 年开始进口海鸟粪，到 19 世纪中叶进口量已非常之大，美国的海鸟粪进口也是出于类似的情况。在英国海鸟粪进口量达到峰值的那些年，鸟粪确实对英国农业的发展大有帮助。不过对于秘鲁来说，当它们的鸟粪供应量减少，并最终在 19 世纪 80 年代达到最低点的时候，经济上过于依赖单一产业的布局终于酿成大错。当时，英国农民也可以用另一种进口肥料，即来自智利的硝石（硝酸盐），秘鲁的经济因此元气大伤。不仅如此，欧洲科学家同时还在探寻一种可确保农业氮供应的工业流程。化学家威廉·克鲁克斯爵士（Sir William Crookes）在《小麦问题》（*The Wheat Problem*）一书中，将人们普遍的警觉感描写得淋漓尽致。正如他在文中所写的那样："氮的固定对于人类文明的发展进步至关重要。"[13]

虽然克鲁克斯爵士在表述"文明的人类"时指的仅是现代发达国家，但固氮的工业过程影响的则是整个世界。我们通常所说的哈伯–博世工艺（Haber-

Bosch Process）最早是由德国犹太化学家弗里茨·哈伯（Fritz Haber）于1909年演示，然后由巴斯夫公司（BASF）于1913年扩大规模用于工业生产的。该技术工艺是在高温高压的条件下，借助催化剂，通过氮气和氢气来制氨。值得注意的是，在第一次世界大战期间，用该工艺制出的氨被用来制造硝酸，进而被用来制造炸药。哈伯本人成为一名武器设计师，正是他引发了化学武器的军备竞赛，而这场军备竞赛的结果就是最终研发出了芥子气。在哈伯-博世制氨工艺诞生一百年后，合成氨工厂每年的制氨总产量是一亿吨，与每年自然界生物的制氨量大体相当。在工业化农业当中，人造化学肥料的用量越来越大：1960年全世界每年化肥施用量约为1000万吨，到了2001年则已增至8000万吨，增幅之大甚至超过了全球人口的增幅——1960年全球人口约为30亿，2001年略高于60亿。而在撰写本书之时，全球总人口约为80亿人。

随着工业化和现代化的发展，食品供应链越来越长，人类的农业生产力也日益提高，可对于那些生活在大都市中心的人来说，尤其是在西方国家，即便来自世界各地的食物种类越来越丰富，可供人类食用的主食种类却变得越来越少。美国作为移民国家，堪称美食融合纳新的社会实验室。随着发达国家日常生

# 第 7 章
## 食品工业革命

活节奏加快，食品不断变换形式，推陈出新，以适应公众不断变化的需求。对于西方人来说，这种变化最熟悉的例子可能莫过于工业化生产的白面包：这种面包的外形非常契合空气动力学原理，并且可预先切成片状，格外方便。把这一点想清楚之后，本书最后几章的诸多问题就能"说得清楚"了。在中世纪的英格兰，许多劳动者每天摄入的热量有 70% 或 80% 是靠吃面包，而同样是用粮食酿造的啤酒则是补充热量的重要饮料。到了 19 世纪和 20 世纪的时候，虽然在劳动者每日卡路里的摄入量当中面包所占的比重较低，但他们对面包的依赖程度依然很高，工厂要承担烤面包的任务，来满足他们的需求。工厂赋予面包新的面貌，许多人都将这种新面貌与发展进步联系在一起：用通过工业流程精制而成的面粉来做标准化的白面包。面包师弄清了运用酵母自然发酵的门道，并将其转化为生产线可以代劳的东西。很快，即便是劳动人民也能吃上用白面粉制成的松软面包，而以前只有富人才有这样的口福，当时这样的面包甚至成为富足的象征。那么，最终白面包究竟是如何从代表富足转变成象征贫穷和疾病的呢？这一转变是在 20 世纪末发生的，它是一个现代问题。在下一章中，我们将试着探讨其中一些问题。

# 小插曲 8 推陈出新

## 小插曲 8
### 推陈出新

  将糕点一切两半，你对烤箱中到底发生了什么就会大概心里有数。在东京的"拼凑"面包店（Bricolage）掰开可颂面包时，我们会看到面包里层层起酥，这是在烤箱的高温作用之下，层叠面团和黄油起酥多达数十层起到的效果。分层起酥的地方水分蒸发，水汽升腾令面包蓬松柔软。为了能达到这样的效果，糕点师先要把面团擀成皮后卷起来，然后连续反复多次，只有这样才能做出分层的精面团和黄油。层压面团在制作糕点中很常见，但并不总是像做可颂面包那样。葡式蛋挞中的层状结构在蛋挞的底部和边缘清晰可见，吃起来会发出"嘎吱"的脆响。到过日本旅行的人，常常会对日本能做出如此优质的可颂面包啧啧称奇，事实上它们靠的是法式可颂面包的底子。如今众所周知的是，日本厨师正在努力将来自世界各地的烹饪技艺融会贯通。距离"拼凑"面包店不远处有一家名为福瑞斯（Frey's）的比萨店，这家店的比萨特别好，达到了拿坡里比萨协会（Associazione Verace Pizza Napoletana）要求的高标准。全东京获得该机构认证的比萨店数量超过了世界上其他任何城市。

可颂面包是日本的吗？当然很难回答说"是"，不过，"拼凑"面包店制作的糕点水准之高，不逊于我们在任何其他地方吃过的糕点。可颂面包是法国的吗？很难回答说"不"。不过，有一种说法是法式可颂源于一种名为基普弗尔（Kipferl）奥地利维也纳的点心：这是一种新月形的非层压面团，历史最早可追溯至13世纪。这种面包于19世纪传入法国，工业化的发展极大地推动了酥皮面团的生产。生产可颂面包和其他糕点都需要可靠的标准化原料供应，我们认为代表某个地方或某种文化的特色食品并非永恒的绝对者，其创意和生产原料起初肯定是来自某个地方，而且也许并不是来自与这道菜最密切相关的地方。比萨是意大利的吗？的确是，可番茄直到16世纪才传入意大利。

"拼凑"面包店的英文写法"Bricolage"的意思是"用现成材料建造"。它源自法语单词"bricoleur"，意思是"用现成材料进行构筑或创作的人",隐含的意思是"不管手头有什么,都愿意并且能够搞出东西的即兴创作者"。这是艺术中常用的术语。瓦茨塔(Watts Towers)堪称其中的典范,它是由一位名叫萨巴托·罗迪亚(Sabato Rodia)的意大利移民建筑工人在洛杉矶建造的一组尖塔。所以可以说,对于做比萨来讲,就是冰箱里有什么料,就往面饼上加什么料。

列维–斯特劳斯在 1962 年出版的《野蛮的心灵》(*The Savage Mind*)一书中广泛用到了"bricolage"一词,他用这个词来思考神话。一种文化的神话思想体系可能包括从其他先前文化中借用的元素。列维–斯特劳斯将"bricoleur"与工匠(craftsman)这个词并举,并认为前者使用了更多"独辟蹊径"的手法来达到其目的;而工匠们则用的是传统技术,具体做法更容易料想得到。然而,沿用传统手艺与利用现成材料再想新招之间可能并没有那么泾渭分明,因为与手艺相关的所谓稳定的手艺传承总是处于变化当中,也许正是因为这种即兴创作,才会令人不禁想起"用现成材料建造"这个词。

可颂面包本身就是一种拼凑创新的结果,不单是某个即兴创作者的功劳,而是历经数代创新的集大成者。经典的法式糕点将糕点面团与起源难定的糕点造

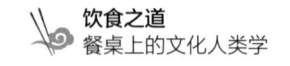

型完美结合在一起。有人认为，此糕点造型起源于维也纳，起初是为了庆祝击败 1683 年围攻维也纳的奥斯曼帝国而设计的。奥斯曼帝国的国旗上有一个白色的新月标志，因此吃新月就是对胜利的象征性纪念。不过，在欧洲其他地方也有新月形的烘焙食品。也有说法认为这是模仿了月亮的形状，是异教徒庆祝活动的遗留物。就像用现成材料建造的工匠一样，在小小的糕点里，糕点师也做出了分层的效果。东京的"拼凑"面包店外，几只鸽子在附近等待，眼巴巴地等着看我们会喂点什么食儿。

# 第8章 20世纪的饮食文化

# 第8章
## 20世纪的饮食文化

在20世纪初的时候,对于来自穷国的新移民来说,西方食品市场简直不啻象征繁荣的灯塔。面对手推车上出售的琳琅满目的各色商品,生活在纽约下东区的俄罗斯犹太人常常不禁感到眼花缭乱。直到将近一百年后的今天,超市仍然堪称一项人类奇迹,只不过因为太过普及,大家习以为常,已经没有多少人注意罢了。超市卖场的主过道摆满了各种各样的罐头食品、瓶装酱汁、盒装麦片、一袋袋面粉、糖和其他加工过的各种干货,还有一袋袋零食,冷藏箱里更是塞满了各种冷冻食品。对于超市里摆放的各色食物来说,时间流逝的速度似乎各不相同:为了保鲜防腐,许多食物中都添加有防腐剂。只有在店铺外围的位置,才能看到一堆堆摞得老高的水果箱和蔬菜箱,在果蔬雾化加湿机的加持下,果蔬显得新鲜极了。这些水果和蔬菜是从很远的农场运来，在油费、人工费和碳排放成本上都花了大本钱。如果这家超市开在欧盟国家，所卖的水果和蔬菜由转基因种子培育而成，那么它们上面还要被贴上警告标签，或者可能会被彻底禁售。在欧洲和北美市场，只要是"有机"种植的果蔬食品，都贴的是有机标签，以将其与用"常规方法"种植的农产品区分开来。农场要想获得使用"有机"标签的认证，通常要历时数年，经过层层考核才行，不仅难度大，而且成本高，而只有获得认证的农场，其农产品才能卖出好价钱。就算超市仅对发达国家的消费者至关重要，超市也已成为现代美食的象征。

你可以将超市视为见证者，它见证了20世纪所发生的农业实践的大规模变革。超市货架上的每种产品都讲述着自己的故事，例如工业化制成的白面包或竹笋罐头。这种罐头的出现，不仅要归功于密封装罐技术的发展，还得益于亚洲移民群体的壮大：竹笋是他们饮食中不可或缺的食材。一些产品，例如用印度香料调味的薯片，也是全球化的结果，因为在全球化过程中，烹饪传统各异的口味和菜式交汇在一起，产生的效果是好还是坏不太好说，具体取决于个人的口味。倘若没有工业化的进步，就不可能出现深加工的

# 第 8 章
## 20 世纪的饮食文化

糖和白面粉,而糖尿病和其他与西方饮食相关的疾病都与它们不无关系。("西方饮食"这个词虽然不够精细,但就饮食而言足以令人回味。这种饮食方式通常意味着碳水化合物、加工糖和动物脂肪的含量过高。)任何个人都几乎不可能把每件物品到达超市的全过程记得清清楚楚,也几乎不可能解释清楚货物在这一路上对沿途经济和环境都有哪些影响。超市确实令人印象深刻,不过在现代社会孕育出的强大食品网络当中,超市充其量不过算是一个个节点而已。当然,世界各地的许多超市绝对是现代的,但并不是西方所独有的。货架上的商品将会把并非为西方饮食服务的农业和供应链的有关轶事娓娓道来。

在某些方面,超市实现了工业时代的许多北美人和欧洲人对"未来食品应该是什么样子"的设想。当今西方超市的食品不仅供应充足,并且从生产到运输、储存乃至出售,都有一整套严格控制的流程。食品是标准化的。即使是由于微生物生长或活动存在自然差异而应该是有所差别的食物,如酵母发酵的面包或奶酪,人们对它们的预期无论是在形状、味道还是质地上,也要比几百年前心里更有底。[1] 工业面包之间看起来更像是同卵双胞胎,而非表兄弟。当然,这种标准化并不意味着忽视了多样性。这些形状规整的面包品种多样，包括有机小麦面包、黑麦面包、精制白面粉面包、米粉面包，有时还有无麸质面包，可供顾客选择的范围极大。不过超市在选择上架商品时还是大意不得，务必要确保供客户选择的商品与他们先前购买的商品相匹配。消费者生活、购物和吃饭所处的这个世界，可预测性是前所未有的。此外，货架上的面包、小圆面包和百吉饼遍布全球。它们的口味交相融合，产生了藏红花十字面包、蔓越莓百吉饼之类的新产品。

还有就是包装！1970年，建筑历史学家雷纳·班纳姆（Reyner Banham）曾用整整一篇文章写了关于薯片和袋子之间的关系。[2] 就他看来，它们是一个设计好的整体在发挥作用，"操作"的方式就是撕开袋子，把里面的东西揉碎："撕开包装，就能得到里面装的东西，再撕开一点，底部角落里残存的东西也会无处可逃，然后用拳头把它压得噼啪作响，最后把它扔掉。"所有这一切都会带来情绪效果，"这是首个也是最熟悉的'彻底搞破坏'（Total-Destruction）产品，戏剧化的宣泄无论如何效果也赶不上它"。班纳姆明白，工业化为产品设计师开启了整个世界，我们吃零食和用餐往往始于在大公司办公室和实验室里精心设计的一系列身体动作和听觉体验。这些动作和体验，

# 第 8 章
## 20 世纪的饮食文化

尤其是噼啪声、嘎吱声,是食物所带来的愉悦感的一部分,也是零食令人上瘾的一部分。班纳姆进一步补充说:"在 20 世纪后期,包装已成为我们英国的本土技术之一,成为我们的价值观和生活方式,就像古希腊水手手中的桨,或者 18 世纪英国农民手中的斧柄或犁。"

自 1916 年开始出现的自助超市是全球富足的象征,可能唯有快餐店可与之媲美。从历史上来说,这些餐馆本身就与现代世界的高速公路及其他交通网络相连,最初它们不过只是路边歇脚的小吃摊。[3] 然而,超市和快餐连锁店经常因为食物热量过剩而饱受诟病:在发达国家,大多数消费者平均每天摄入的卡路里比他们的祖先要多得多,而这与人类腰围渐长和我们大众的医疗负担增大不无关系。如果说早期最突出的疾病是从外部侵入身体的传染性感染,那么 21 世纪初西方世界最令人不放心的疾病恐怕莫过于糖尿病和心脏病。糖尿病和心脏病与工业和社会条件不无关系,从身体上讲,它们是我们的内忧。在这其中,麦当劳销售的数十亿个汉堡无疑难辞其咎,同样,炸薯条也脱不了干系(全世界每年收获的土豆中,约 50%都变成了炸薯条)。不过值得注意的是,麦当劳及类似餐厅的食品价格确实不贵,对于许多手头紧的食客来说，只有这样的餐厅他们才能经常光顾得起。麦当劳之所以卖得便宜，是因为它购买的食材很廉价，质量也不高，并且其中许多食材都是在政府补贴项目的帮助下生产的。

知名美食作家迈克尔·波伦（Michael Pollan）提醒消费者尽量别碰超市的主过道，因为那里摆放的都是深加工食品，都是工业革命时期的机器或其后续机器加工的食品。[4] 工业流程的好处不仅仅在于食品的标准化、多样性和保质期；他们还在食物中加入了各种高热量的原料，而经过深加工的谷物比加工程度低的谷物更容易被代谢掉。我们中的许多人都生活在后工业社会，工作都是久坐少动，摄入的卡路里远远超过我们身体的实际需要，事实上我们处于营养不良状态，而这种营养不良的情形与前工业社会那种营养不良完全不是一回事。

快餐和西方饮食在发展中国家已经站稳了脚跟。麦当劳在中国和印度的生意蒸蒸日上（麦当劳通常在印度市场提供素食或鸡肉饼，而不是牛肉），而与麦当劳的类似产品在其他地方也存在，例如伊朗的山寨麦当劳连锁店被分别冠名为"马当劳"（MashDonalds）和"麦克马沙拉"（McMashallah）。具有讽刺意味的是，当麦当劳于1971年在所谓的日本"经济奇迹"

的第一波浪潮中进入日本时,日本食客光顾麦当劳是去吃零食,而非正餐。毕竟对于日本人来说,有米饭吃才算"吃正餐"。麦当劳的一大竞争对手摩斯汉堡(Mosburger)解决了这个问题:将肉饼放在两块米饼之间。[5] 虽然日本的经济崛起并非建立在进口西方食品或商业模式的基础之上,但快餐店凭着效率高的特点,依然吸引了许多日本顾客。麦当劳进军日本市场是其开拓全球市场计划的一部分,1971 年该连锁店还进军了澳大利亚、德国、关岛、荷兰和巴拿马市场。在中国,麦当劳和其他快餐连锁店如今加剧了儿童肥胖的趋势,因为之前中国奉行计划生育政策,独生子女的父母都是竭尽所能地尽量满足孩子的要求。

美食作家波伦建议我们尽量不要碰超市相对营养不足却热量奇高的主过道食品,而是要到边缘处去买东西,因为在这些位置可以找到水果和蔬菜等新鲜产品。这样一来,我们的饮食方式就会以新鲜果蔬为主,而这通常要比以碳水化合物或肉类为主的饮食方式健康得多。不过在 21 世纪初的西方,如果某些人主要吃素的话,意味着他们要考虑对 19 世纪的消费者来说会感觉陌生的问题:人们是否选择"有机"产品而非"传统"或"过渡"产品?(人们又该如何解读这些往往不实在的标签呢?)人们会避免食用打过杀虫剂的果蔬吗？远离转基因生物或转基因食品，是因为人们担心操纵基因对人类消费者有害或对周围的自然环境有害吗？如果"天然的"的意思是指未经人类双手改造的食物，那么自农业出现以来，食物就不是天然的。然而在那些世代食用深加工食品的消费者的心中，突然出现对"非自然的"或"科学怪物"食品的恐惧。虽然基因改造无论是为了使农作物抗寒、丰富维生素含量，还是出于其他什么目的，都尚未有证据证明会对人类健康或环境造成本质危害，但许多欧盟消费者对操纵基因这种做法尤为不满，并且一些美国市场也对此持抵制态度。转基因食品的公众形象不能与孟山都（Monsanto）等公司的商业行为完全分离，这些公司从转基因种子的专利中获利，从而生出为生命本身申请专利的道德问题，不仅复杂且令人不安。

对超市和快餐置评，往往意味着批评现代性。1998 年，荷西·博维（José Bové）袭击并拆毁了米约镇一家正在建设的麦当劳餐厅。博维身兼养羊户、前哲学系学生、活动家和法国最大农民联盟成员等多重身份。他受审后被判定有罪，判处 3 个月的监禁。尽管如此，约有 4 万名支持者到审判现场附近声援他，而他获罪被判入狱更是令他作为领导者的威望大增。

# 第 8 章
## 20 世纪的饮食文化

尽管在支持本地农业和本地食品的欧洲人当中，反快餐情绪很普遍，但博维此次袭击事件是因世界贸易组织的做法而起：该组织曾支持美国向欧洲出口使用牛生长激素处理过的牛肉。对欧洲农业造成冲击的不仅是全球化，牛肉的"美国化"也威胁着欧洲的海岸和胃。欧洲对此类出口的抵制遭到了美国的报复：美国对来自欧洲的奢侈品征收高额进口税，就连羊乳干酪也不能幸免，这是一种博维在自己农场生产的奶酪。博维后来成为反全球化运动的领导者。该运动反对自由市场资本主义的全球影响，并批评跨国公司对国家和国际政治施压所产生的影响，特别是跨国公司对推动放松市场管制所起到的作用。

在发生博维袭击麦当劳餐厅事件的十年之前，反对麦当劳在罗马开业的抗议活动就引起了人们对一个新组织的关注：慢食协会（Slow Food）。它倡导热爱地方美食、了解食物起源知识，以及生活和烹饪的节奏低于现代社会通常要求的节奏。该组织的图标是一只蜗牛，可谓是恰如其分。慢食组织有诸多目标，其中包括建立可以储存"世代相传"的种子品种库，旨在保持植物和动物物种的多样性，以及抵制农业综合企业对农作物单一种植的依赖。也许颇具讽刺意味的是，慢食组织固守本土化的坚持已经被全球化了，并

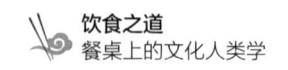

已在世界各地设立了若干分会。[6]

# 制冷和现代供应链

大多数超市的核心都有一种日常生活中无处不在的技术手段：一排排的冷柜。正如尼古拉·特威利（Nicola Twilley）所说的那样，我们的食物系统之所以存在，是因为"幅员辽阔、分布式的人工制造出来的冬季"使食物的保鲜度超出了自然规律所限。凭着强大的运输能力，我们甚至能在北美全境配送香蕉和橙汁，在欧洲或亚洲的内陆地区配送寿司。[7] 这被称为"冰冻圈"（Cryosphere）效应。正如人工固氮对食品生产的影响一样，冷藏对食品配送的影响也很大，由此产生的现有食品体系截然不同于19世纪的。

机械制冷于1851年就已获得专利，但直到19世纪90年代才开始普及。尽管如此，在相对较短的距离内使用冰块运输食物的情况仍很常见——在一些美国老房子里仍然可以见到"冷藏库"，就足以证明这一点，而且冰块送货员也曾是一道人们熟悉的风景。第一辆（靠冰来制冷而非机械制冷的）冷藏列车车厢是由肉类经销商乔治·哈蒙德（George Hammond）制造的，在底特律一带运营。富兰克林·斯威夫特

# 第 8 章
## 20 世纪的饮食文化

（Franklin Swift）在 1879 年制造的冷藏车有所改进。正是因为他的创新，消费者们得以做好准备，迎接随之而来的冷藏肉类和其他食品的时代。后来的冷藏集装箱最初是在 20 世纪 50 年代开发出来的，随后得到持续改进，甚至连用飞机运输高级鱼品的聚苯乙烯泡沫塑料"鱼箱"都脱胎于斯威夫特当年制造的冷藏车以及第一批冷藏船，当年这些船在 19 世纪 70 年代跨越大西洋和太平洋向欧洲市场运输肉类。正因为有了像这样的船只，香蕉才能成为一个产业（其他产业也是如此）。香蕉成熟的速度很快，所以人们必须在香蕉尚未成熟时采摘，然后在冷藏运输至目的地市场后，将香蕉放置在充满乙烯气体的香蕉催熟冷库中。正如大多数喝咖啡的人都从未见过咖啡树一样，大多数北美和欧洲消费者也从未吃过在树上自然成熟的香蕉。香蕉的故事还说明了 20 世纪食物变化的另一个层面——到了 20 世纪中叶，香蕉已经成为全世界最受欢迎的水果之一，而仅仅在五十年前，即 1899 年，科普杂志《科学美国人》（*Scientific American*）还觉得有必要专门发文向大众科普该如何食用香蕉才好。我们本以为生活中与食物有关的许多特色是来自历史传承且源远流长，但实际上它们都是最近才出现的。虽然我们的饮食方式在不断变化，可没过多长时间它

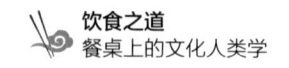

们就好像由来已久似的。

一开始，顾客对首批货运冷藏肉并不买账，食客们习惯了吃新鲜肉，对长途运输过来的冷鲜肉不感兴趣。在美国，直到第一次世界大战期间，吃冷冻肉才被贴上爱国行为的标签，即最大限度地利用国家可用资源为国防出力。到了20世纪30年代，家用冰箱开始普及开来，顾客逐渐习惯于一年四季都能享用来自世界各地的美食。到了1950年至1975年，美国人冷冻食品的消耗量是之前的三倍，加工食品商业模式趁此机会蓬勃发展。美国佛罗里达和巴西是主要的橙子产地（目前世界上大部分橙汁均由这些地方生产），正是因为有了当地的巨型冷藏储罐，橙汁得以成为一种全球饮料。正如橙汁的情况所示，一旦将冷藏技术与运输基础设施相结合，一个地区种植的粮食就能够为许多其他地区所用。在美国，我们所吃的冷冻蔬菜和水果当中，有一半是在加利福尼亚州种植的，而我们吃的食物当中，有四分之三的部分在生产和运输过程的某个环节中都经过了冷藏处理。制冷所产生的经济影响超出了与生产和消费有关的明显影响。因为能够有效延长食品的保鲜储存期限，所以有人就想出来将食物商品当作股票市场上的"期货"来进行交易，因此五花肉（1961年）和商品切达干酪（1997

年）曾作为期货应运而生。由此产生的社会影响是显著的。有冰箱的家庭，只要自己愿意，每周只需购物一次，这样就能腾出时间来做其他事情。对于冷藏设备而言，如果制冷效果不错，那么相对没有什么存在感也很重要。就像食品体系中许多其他形式的基础设施一样，包括高速公路、卡车、火车、飞机和集装箱等，冷藏设备并不起眼。

## 营养科学这一百年

我们超市货架上的所有包装的商品都显示了营养信息，不过其中的语言表述方式外行人未必都能看懂。正如冷藏一样，这种事因为太过司空见惯，以至于大家经常对其重要性视而不见：在我们所生活的这个世界中，人们已经习惯于将食物分解为组成成分和营养成分，已经习惯于从有资质的专家那里（或从为饮食时尚煽风点火的庸医那里）听取饮食建议。与冷藏一样，人们很难想象这个世界没有卡路里、纤维、维生素，或任何其他我们用来描述食物营养品质的标签。尽管如此，事实上营养学直到19世纪90年代才真正成熟起来，才开始在实验室以及研究人员希望控制人们饮食的其他环境（例如军事冲突前线）中得到蓬勃发展。当然，现在我们想到卡路里的时候，很容易忘记其最初的定义：在一个标准大气压下，将一克水提升一摄氏度所需要的热量。卡路里并非从营养学来的，而是源于法国为了解热力学能量所付出的科学努力。蛋白质、脂肪和碳水化合物是最早发现的食物组成部分，热量计（用于测量食物燃烧所产生的热量）的使用也很广泛。许多早期营养学家都希望确定人们生存所需的最低营养量。他们想要量化最低营养标准，这对于向穷人提供援助很有意义。此外，他们还经常通过开展面向承担料理家务和做饭职责的女性的教育活动，促进劳动力更有效地发挥作用。许多早期营养学家把人体比作机器，这绝非偶然。一些旁观者，如经济学家约翰·阿特金森·霍布森（J.A. Hobson），在19世纪90年代预测，食品科学将成为一门规范的科学，为我们提供饮食规律。

20世纪初，维生素被发现之后，引发了新一轮的实验。人们认为如果缺乏维生素，就容易患上脚气病、糙皮病和坏血病等"维生素缺乏症"。在发现维生素之前，营养科学普遍将卡路里视为新陈代谢热力学模型的关键，认为食物能够为人体补充能量，而身体将能量转化为动力，同时也为自己补充能量。而在发现维生素之后，突然之间，营养学界分成了注重能量研究的营养学家和注重对含有维生素的食物进行新生化研究的营养学家这两派,双方争得不可开交。食物品质开始与数量同等重要,什么才算是"够"这一概念开始发生转变。英国和美国大多数营养学家科研关注的焦点对象仍然是家庭主妇——从19世纪中叶起,家庭主妇就已经成为几代卫生保健和家政学专家的研究对象。到了这个时候,家庭主妇的厨房简直就像是个实验室:她的家庭要想兴旺发达,她就必须对每种食物的营养价值都了如指掌。因此,她的角色实际上是被专业化了。人们开始日益关注家庭,将其视为变革烹饪方式和饮食习惯的关键场所。与此同时,人们也愈发关注个人的身体健康。饮食和健康专家在19世纪末到20世纪这段时间大受欢迎(在21世纪初期也是如此),他们迎合了人们想要减肥瘦身或解决任何其他健康问题的愿望。维生素被发现后不久,第一批富含维生素的产品就在英国和美国的商店上市了。第一款营养强化婴儿配方奶粉早在1928年就已上市。然而直到20世纪30年代,可口可乐和香烟这些现在已经弄清楚并不健康的产品,也曾作为健康保健辅助用品进行过推广。和现在一样,那时候广告商和农业综合企业也以保健为名,赚得盆满钵满。

# 乱局、传统和食谱

碰撞乐队（The Clash）是一支英国朋克摇滚乐队，在其创始成员乔·斯特拉莫（Joe Strummer）的歌中，英国城市大街小巷上所有的食物一个不落，都被他唱了个遍：秋葵（bhindi）、豆泥糊（dahl）、龙头鱼（Bombay duck）、百吉饼（bagels）、肉馅卷饼（empanada）、印度菠萝酸奶（lassi）、印度鸡肉咖喱（chicken tikka）和熏牛肉（pastrami）等。这当中有些菜源自亚洲，由此可以看出20世纪外来移民到英国的情况非常普遍，不过这些都是你在任何一个国际化城市的某个地方都能找到且值得一吃的食物。[8] 在20世纪60年代初的时候，本书的其中一位作者就曾在巴黎满世界寻找蔓越莓，为的是能在感恩节配火鸡吃。最后，她好不容易在一家精品店里找到一个满是灰尘的罐头，花了大价钱才买了下来。如今，这种异国风味的食物已经很容易就能买到。

20世纪一直到如今的21世纪，发达国家饮食方式的花样之多一直都是前所未有的。简而言之，生活在地球上资源富饶地区的人们所能获得食物种类的丰富程度，远超他们的祖先的想象。外来移民汇聚全球各大城市后，各地不仅荟萃全球美食，而且还迸发出研制新菜品的灵感。21世纪初期，在洛杉矶，食品车出售炸玉米饼和墨西哥卷饼，里面塞满了韩国烤肉；在多伦多，你可以找到香料烤鸡、咖喱味的比萨；在东京，有一种掺入牛油果的寿司卷。牛油果是美国加利福尼亚州最受欢迎的食品，现已漂洋过海出口到日本。美国的餐馆老板洛奇·青木（Rocky Aoki）是"东京红花连锁餐厅"的创始人，许多美国人视他为"地道的日本人"，而他在日本也开设了一家分店，以"纽约红花餐厅"为品牌进行营销，提供令许多日本人心满意足的"异国"美食。食物发展过程中像这样具有讽刺意义的事情不胜枚举。

移民到了新的国家，总会带来新的烹饪方法，不是记在他们的脑子里，就是写在他们菜谱里。当中国劳工前往美国修建横贯美国大陆的铁路时，他们将自己的饮食文化也带到了美国。炒杂碎和炒面就是在这个时期被发明出来的。其实它们算不上是典型的中国菜，不过是中国劳工用在北美能搞到的便宜食材创造的即兴之作。当土耳其劳工到达德国时，他们会做烤肉串进行售卖，土耳其移民的烤肉餐车在柏林街头随处可见。要说对美国20世纪末餐饮文化影响更大的因素，莫过于20世纪60年代中期的移民改革。这项改革不仅向更多的移民开放，还加入了有助于合家团

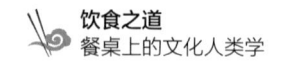

聚的规定。之前美国的移民法鼓励单身男性在没有家人陪伴的情况下只身前往美国工作，等到赚够了钱就归国返乡。移民家庭更有可能靠开餐馆维持生计，而且由于日常开支相对较低，且有自家人可以帮工，所以开餐馆对许多人来说都力所能及，适合他们进行创业。幸运的是，这些餐馆大都生意红火，代代相传。

斯图尔特·霍尔（Stuart Hall）指出，从权贵的特权角度来看，全球化的一大影响就是将世界变成了美食自助餐：

要想走在现代资本主义发展的前沿，就必须在一周内吃至少十五种不同的美食，而非只吃一种。每个周日吃煮牛肉、胡萝卜和约克郡布丁已不再重要。谁需要那个呢？因为如果你刚刚从东京乘飞机经津巴布韦首都的哈拉雷抵达英国，你的感受不是"怎么全都一样"，而是各不相同，这该有多妙啊！[9]

不过，即便是精通多国语言、不差钱的食客，可能也希望自己的食物统一性还是稳点好。一周内能吃到十五种不同美食固然可能会让人很开心，但可也容易让人不知所措。我们寻求庇护的一种主要方法就是从食谱中找办法，以食谱为媒介来深入了解一种专门

# 第 8 章
## 20 世纪的饮食文化

正宗的固定烹饪传统。食谱勉强可算是一种文学体裁，虽实难登大雅之堂，不过它对欧洲各国菜系的编撰起到了莫大的助力。食谱当中的饮食文化阳春白雪并举，雅俗共赏，有时甚至互通有无，就连宫廷御膳与乡村土菜之间也有千丝万缕的瓜葛。

食谱也已成为整合世界各国餐饮界的利器。20世纪末的时候，阿琼·阿帕杜莱（Arjun Appadurai）为印度读者讲述了食谱的功能。印度的食谱（本例中的食谱是为以英语为母语的读者出版和编写的英文书籍）帮助兴起的中产阶级同时做了两件事：一是在厨房培养一种专业的文化，以此作为有地位的标志；二是即使他们的日常生活更趋现代化，也要保持自身的传统意识。[10] 阿帕杜莱还指出，印度等国的食谱文化中存在两种截然不同的动向：一方面强调当地美食的独特性，而另一方面又强调民族美食的统一性。这种情况对于像印度这类的国家尤为显著，因为这类国家由文化上各具特色的多个州或多个邦组成，各自的种族、文化和宗教多种多样。

如果可将食谱定义为一套复现菜肴制作方法的说明，则其中的含义通常要丰富得多。在欧洲，食谱书中的非食谱的部分有时包括个人回忆录、面向阶层向上走的中产阶级的礼仪课程，以及关于如何健康保健、收拾屋子甚至招待客人的建议。食谱自成一套规则，菜肴里里外外的所有内容均由其规定。这些规则确实会随着时间的推移而改变，如果认真研究相对较长的时间内（也许是五十年到一百年那么久）所使用的食谱，你就会发现这期间所发生的种种变化，例如墨西哥猪肉玉米饼的出现（玉米饼是墨西哥本地自产的，而猪肉香肠则是西班牙入侵者带到墨西哥的）。[11]有趣的是，以墨西哥食谱为例，在许多情况下，最关乎食物地道正宗和传统的因素并非给食材调味的佐料，而是所用的香料和酱汁。因此，新的蛋白质和蔬菜大可以"入乡随俗"。而在可用食材不同的新地方，传统烹饪方法也同样有用武之地，照样能够推陈出新。有时，烹饪的特色更多靠的是技术而非所用的食材，日本菜就是这种情况。日本名厨松久信幸经常把这样一句话挂在嘴边："只要给我当地的食材，我凭着做日餐料理的技术，在世界上任何地方制作日本料理都不在话下。"通过研究食谱，我们可以弄清哪些食材会得到特定文化的接纳、哪些食材会被拒之门外、哪些食材在特定文化中根本就不能用。

当代（20世纪末和21世纪初）的读者所生活的这个世界日益全球化，发展速度越来越快，因此，这期间面世的食谱往往特别突出其注重传承和地道正宗

## 第 8 章
20 世纪的饮食文化

的特征,以此作为吸引读者的一大卖点。当然,这种怀旧或浪漫的趋势并不总是占据主导地位。小小食谱,寄托的是人们对未来的各种期许,这种对未来的期许与其说是保留传统,倒不如说是过分放大传统——以意大利裔美国人的食谱为例,其中肉和奶酪的用量比例大大失调,与意大利农民日常饮食中的用量根本就不是一回事。不仅如此,在这种对未来的期许当中,人们最为看重的是厨房美食的营养和效率。美国在 20 世纪 60 年代的时候,曾掀起过一波出版微波炉食谱的热潮,虽然微波炉直到 20 世纪 70 年代末才开始普及开来。在现代厨房用具问世之前,长期以来一直是靠食谱向厨师传授该如何使用新的厨房用具(从刨丝器到压蒜器莫不如此)的。

20 世纪初涌现出了面向未来的众多食谱,其中一个食谱(其实算不上是真正的食谱)是由意大利一些最大胆的年轻艺术家,即(尤其是政治保守派)未来主义者(Futurists)构思的艺术项目。这本名为《未来主义者食谱》(*The Futurist Cookbook*)的书虽然在厨房中毫无用处,可它说明了食谱相对于烹饪传统的一种定位方式。未来学大家菲利波·马里内蒂(Filippo Marinetti)当时希望能彻底推翻意大利饮食传统,猛烈抨击意大利将小麦转化为维持人体新陈代

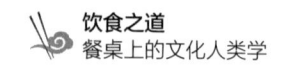

谢养料的传统饮食方式，即吃意大利面。马里内蒂坚称，吃意大利面会消磨意大利人的意气，弄得男人缺乏阳刚之气。他建议意大利人倒是应该多吃肉类，尤其是多吃肉肠。

真正的意大利食品创新，比如浓缩咖啡机，具有地缘政治意义——殖民者渴望在咖啡产地建立殖民地，想要从北非殖民地弄到铝［著名的比乐蒂（Bialetti）炉灶式浓缩咖啡机是由铸铝制成的］。[12] 同理，未来主义者呼吁禁食意大利面的做法，与在法西斯主义甚嚣尘上的政治气候下干预全球化趋势扩张的野心紧密相关。少吃面食就意味着少进口小麦，这有利于意大利争取在更大程度上实现粮食的自给自足。此外，意大利人若能变得更时尚、更矫健，在现代世界舞台上就能更有竞争力。《未来主义者食谱》就像关于食物未来情况的众多揣测一样，我们最好是将其视为对当下焦虑情况的一种紧张的表达。

食谱经常标榜菜肴正宗地道，可同时也不否认正宗地道并不意味着原汁原味。在当代越南食谱上，可能会说越南薄饼（banh xeo）是用椰奶做的，而在巴黎的街头也可以看到这种美食：在同样做这种薄饼的热煎锅上，越南薄饼却是用小麦粉做的，搭配黄油和糖粉，或者能多益牌（Nutella）榛子巧克力酱。中国南方对越南烹饪方式的影响也很大，包括炒菜、面条、豆腐和筷子的使用。越南的黄油、法棍面包和咖啡源自法国殖民统治，花生和西红柿最初是由欧洲商人带过来的，这得益于哥伦布大交换。如果是在南加州的一家购物中心，例如奥兰治县庞大的越裔美国人社区品尝现代越南美食，餐厅旁边很可能会开着一家珍珠奶茶店，供应的奶茶中含有用一种原汁原味的台湾木薯粉制成的优质粉圆，它非常对越裔美国人和华裔美国人的口味。

## "美国"风味

正如麦当劳的金拱门（the Golden Arches）标志在全球影响所证明的那样，20世纪后期世界饮食的西化实际上主要是美国化。这其实是美利坚帝国在饮食方面的扩张，这一扩张从殖民者强取豪夺美洲原住民的土地开始，后来工业化之后，在"炮舰外交"、诸多不平等条约和"昭昭天命论"（Manifest Destiny）观念的鼓动之下，美国向南和向西扩张势力。美利坚帝国的势力范围南到波多黎各，西至菲律宾。

不过，关于究竟什么才算是"美国菜"这个问题，长期以来一直令人迷惑不解。墨西哥玉米饼、刨冰和寿喜烧都是美国菜，但这意味着什么呢？尽管这三种食物的起源各不相同，但是以上说法对它们都说得通，这就表明了美国菜的历史自有其复杂性。当年欧洲殖民者将自己的饮食习惯方式带到"新世界"的同时，他们也将被奴役的非洲人带回了本国。穿越大西洋的航程艰险异常，一部分非洲奴隶所幸活了下来，得以将非洲的饮食方式带到了欧洲。美国南部种的高粱、小米、花生、秋葵、芸豆和芝麻，无一不体现出非洲的影响力。苏格兰—爱尔兰契约仆人在美洲殖民地为英国殖民者做的可能是面包和蛋糕，而他们自己吃的却是下水、土豆和其他根菜这些东西。门诺会信徒和阿米什人从美国海滨登岸后去往宾夕法尼亚州，碎肉饼（Scrapple）这种用猪肉丁、谷物和香料制成的肉饼也随他们一起传入美国。有一道与之类似的用猪肉碎布丁做的菜，苏格兰仆人会记得这道菜是从他们的故国传过来的。

美国饮食史长期以来一直专注于美国大陆不同饮食文化的交相融合。不过，随着美国扩张势力，美国的饮食方式也在变化当中，并已别具一格。1898年，美西战争爆发后，美国觅得扩张领土良机，试图趁此"接管"西班牙在太平洋和加勒比地区的领地。根据在法国巴黎签订的《巴黎和约》的规定，西班牙将

# 第 8 章
## 20 世纪的饮食文化

菲律宾的控制权出让给美国，有效期是从 1898 年到 1946 年。同时根据该合约割让给美国的还有波多黎各。截至作者撰写本书时，波多黎各仍然是美国的自治邦，或者说是美国的非合并建制领地。这些领土当时成为甘蔗种植园（事实上，自从阿拉伯商人在这些地方种植甘蔗插条以来，菲律宾就一直在产糖），被种植香蕉和波萝等热带农产品。

就在波多黎各和菲律宾割让给美国的同一年，夏威夷也落入美国之手。夏威夷最终成为美国在烹饪方面最为复杂的州之一。夏威夷的饮食非常多样化，包括本土海藻、芋头根、鱼和面包果。面包果是大约 3500 年前波利尼西亚人带来的一种大个头的含淀粉水果。不过，这些"当地土著与外来文化接触之前的"食物在如今的夏威夷饮食中只是偶尔可以见到而已——仅在夏威夷宴会的礼仪或仪式上会有，或仅作为精神场所或寺庙的祭品。[13] 相比之下，夏威夷人的日常饮食受到中国、日本、菲律宾、葡萄牙和从美国本土来的夏威夷白人的美国饮食方式等多方面的影响。

要想切身观察这些影响，最好的体验方式莫过于试试当地的"主菜拼盘"（mixed plate）或"夏威夷特色套餐"（plate lunch），这是一种经典的夏威夷体验，你可以从公园或海滩附近的餐车或食品车去买这种套餐。他们一开始盛的总是几种淀粉类食物：两勺米饭，以及同样是淀粉类食物的土豆沙拉或通心粉沙拉（或土豆和通心粉沙拉）。盘子里可能还会有葡萄牙辣香肠（Chorizo）、照烧鸡肉（比日本传统的照烧鸡肉要甜得多）、菲律宾春卷（lumpia）、一些中式粉丝〔也许是波利尼西亚人吃的"捞捞"菜（一种大卷饼形状，填充猪肉或鱼肉馅，用芭蕉叶包裹的蒸食）〕、卡鲁瓦烤猪肉、夏威夷三文鱼冷盘、金枪鱼生鱼色拉（腌制的生金枪鱼块），也许还有一块名为椰浆（Haupia）的椰子明胶甜点。除了这块椰浆外，所有以上食物都被盛放在纸盘上，看起来摇摇欲坠的样子，食客可以用手抓着吃，也可以用塑料叉子吃。从这样一餐饭就可以看出各色外来食物在过去三个世纪对夏威夷群岛所起到的影响，反映出在岛上甘蔗种植园或菠萝种植园工作的外来者都给当地带来了哪些美食。19世纪末和20世纪初，这些工人们在田间劳作和加工厂做工的休息间隙分享午餐桶里的吃食。他们这种吃法不是饮食"大熔炉"，而是"自助式的"饮食：代表各自文化的菜肴并存，只是偶尔这些食材和风格会被组合成新式菜肴。这些菜式在传到夏威夷之后也并未被原样照搬，因为夏威夷盛产糖料作物，所以这些菜到了这里口味都要比原产国更甜一些。夏威夷风格的照烧鸡肉的甜度简直比许多甜点都不差。事实上，其甜度与许多苹果派不相上下，跟美国菜一样那么甜。

## 小插曲 9 菜单上惊现春卷

## 小插曲 9
### 菜单上惊现春卷

在我的童年记忆中,我基本上不怎么外出就餐。那会儿,我们总是在家自己做饭吃。20世纪40年代和50年代的时候,自家做饭吃的情况在美国中西部相当普遍。正因为如此,那时我们无缘吃到"别人的食物",也就是其他民族的吃食。20世纪50年代,当我还是个孩子的时候,我吃过的最富异国风情的东西莫过于明尼苏达州博览会上的希腊葡萄叶包饭(Stuffed Grape Leaves)。当时希腊小贩做这种食物,主要是为了给现场的其他希腊人解馋,而我是当时有幸吃到这种包饭的非希腊人之一。直到后来我长大成人,在中餐馆、印度餐厅和波斯餐厅用过餐之后,才知道各"民族美食"之间存在更细微的差别:中餐中的川菜、印度菜当中的马德拉斯菜和波斯口味的美国菜都与它们的主体菜肴有所区别。让我万万没有想到

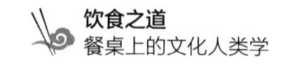

的是，读菜单居然这么长学问，一个又一个谜题等着我去破解：什么是"开胃菜"？什么是"咸味小吃"？什么是"下水"？甜点是什么东西我当然一直都是知道的，可库尔菲（kulfi）这种甜点又是怎么回事呢？不知不觉间，留心菜单上这些内容已经成为我的一种习惯，让我乐此不疲。我开始深入了解"别人在吃什么"。其中的一些菜，也成了我的心头好。

当我从事人类学研究之后，我才知道原来餐馆是做实地考察的好去处。毕竟，作为食客去餐馆用餐是最自然不过的事情。肚子饿了，自然要去餐馆吃饭。餐馆里好多东西都值得详加观察：各色家庭的人生百态，食客西装革履或衣着休闲，食客大谈球赛、家长里短或孩子的在校成绩。著名棒球运动员尤吉·贝拉（Yogi Berra）有句话说得对极了，"光在边上瞧着，就能大开眼界"，而这句话稍加演绎，就可变成"只在一旁听着，就能大饱耳福"。我们要尽可能想方设法来感知世界和身边的各色食物。换句话说，只要你不带偏见，用心观察，就可以见识到很多东西。在餐馆点菜用餐，就是跟人聊天的好机会。如果你也和我一样一开始不爱说话，那这会很有用。你尽可以多问问题，尤其是餐厅里食客没那么多的时候。有时，如果为你服务的侍者发现你的问题还挺讨人喜欢的话，你

## 小插曲 9
### 菜单上惊现春卷

甚至可能有机会尝尝厨房里的东西。实地考察的好处就在于此。

在美国马萨诸塞州波士顿的一家塞内加尔餐厅用餐时,我惊奇地发现菜单上的开胃菜当中居然有一道菜名叫春卷(nem)。我忍不住问侍者这道菜与同名的越南炸春卷是不是一回事。可是,这道菜怎么会出现在西非国家的菜单上呢?为我们服务的侍者请来了餐厅经理,经理乐呵呵地坐了下来,为我们讲述个中原委。据他说,当年法国殖民越南(越南那时是法属东南亚的一部分,被称为法属印度支那)的时候,法国从自己的另一个殖民地塞内加尔招兵驻防越南。法国之所以这么做,是希望塞内加尔步兵团(Tirailleurs Senegalais)能够成为一支比越南本地人更忠诚、更"称职"的武装部队。毕竟,由越南人监视他们自己人就够了。这些塞内加尔士兵后来返回西非时,他们带回了美味的越南炸春卷,这道菜最终演变成为塞内加尔的一道看家菜。当年有些塞内加尔士兵甚至还娶回来了越南妻子。多年后,当塞内加尔移民在美国开餐馆时,越南炸春卷自然在他们的菜单上有一席之地。美食的传播方式多样,有时是像这样的殖民地人员所致,有时则归功于随心而行,这些都反映出各种美食的渊源自有其曲折之处:日本的天妇罗深受葡萄牙的影响，而寿司则源自东南亚。英国海军将咖喱用为其水手的常规食物，日本海军也加以效仿，发明了日式咖喱饭（Kare Raisu），这可以说是日本对英国海军菜肴的模仿。正如英国海军版咖喱饭让来自大英帝国各地的水手填饱肚子一样，日式咖喱饭也让来自日本各地（烹饪风格迥异）的水手充饥。

在波士顿的一个移民社区，一家面包店做的面包口味很合当地越南社区居民的胃口。他们为著名的越南烤肉法棍三明治（Banh Mi）烘烤长棍面包，而根据传统做法，这种三明治总是包含一些越南肉酱、沙拉和蛋黄酱，以及用醋和泡菜调味的冷盘。如果在此地逛的时间够长的话，你可能会看到来自其他前法国殖民地的顾客：阿尔及利亚人、老挝人、突尼斯人和塞内加尔人，以及马里人和塞舌尔人。虽然法国的殖民统治已经终结，可法国面包却是软实力更强，人气不减。越南法式面包确实要比巴黎的硬皮法棍面包更为松软，也正因为越南法式面包足够松软，所以很容易饱吸明显非法国风味的酱汁。正如上文中越南炸春卷的例子一样，这款面包也讲述了一个满是泪水和流血的悲剧故事：殖民主义的故事。也许它不该如此美味才是，可它却总是味道没得说。乐事就是乐事，即便是事关殖民统治也不例外，其中像越南炸春卷这种

## 小插曲 9
### 菜单上惊现春卷

情况，可能会长伴我们左右。

我在塞内加尔就从来没有吃过越南炸春卷。我去塞内加尔旅行那次，当地的主人家把我带到了一些当地住户那里，我有幸吃到了"本土"菜：塞内加尔鱼饭（thiebou-dienne），这道国菜是用鱼、米饭和番茄一起在同一个锅里煮制而成。没有人提到过越南炸春卷，尽管这也是塞内加尔饮食的一部分。会不会是因为越南炸春卷这种菜在当地很特殊，虽已本土化，可并不完全被视为是塞内加尔本土菜？我只好回家去吃塞内加尔风格的越南炸春卷，到我任教的那座城市的一家外国餐厅去吃。这里的炸春卷是由移居此地的一位塞内加尔厨师做的，她以自己的方式对这道菜做了改动。我们谁都知道事情会发生变化，但有时变化委实太快，不好把握。要想靠食物的产地或运输目的地来识别食物，无疑是难上加难。就算其中的途径再复杂，食物的身份也不会因此"有问题"，事情因此变得有趣。当年法棍面包被称为越南的日常生活必需品，不过在这个过程中，法棍面包已经有了巨大的变化，成了越南的一道美食。当年，炸春卷从法国的殖民地越南传到法国的另一个殖民地塞内加尔，成为一道当地美食，是法国殖民者工作调动的意外结果。后来，塞内加尔的食物，包括从越南传入塞内加尔的这

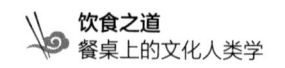

道美食，又有了新的去处，也就是波士顿。一位外国厨师在波士顿以自己的方式制作了这道菜。对于那些想要对菜单上菜品的地域进行分类、命名和创建的人来说，以上就是我的一点浅见。

# 第9章 饮食之道

# 第 9 章
## 饮食之道

天花板很高的大仓库里一片漆黑，只有三个耐火砖砌的小锻造炉还亮着。我们可以在圆顶锻造炉旁边认出一些小煤箱，附近还放着铲煤用的短铲。在一处锻造炉敞开的炉门近前，铁匠师傅在地枕上坐得笔直。炉门宽度约莫有 18 英寸，从开口处我们可以看到里面炭火烧得正旺。制刀的工匠大师戴着齐腕手套、棒球帽，还有普通眼镜，除此之外并无其他防护装备。他全凭一身技艺保护自己周全。

土井逸夫的工作室位于大阪附近的堺市，制刀堪称当地职业、工艺和艺术的标志。土井的父亲是一位享有盛名的铁匠，最近刚退休。土井得到他父亲的百般栽培，在老人退休前，土井在他手下足足磨炼了四十余载。和他的父亲一样，土井一门心思钻研制刀工艺，而把磨刀和制作刀柄这样的活儿留给其他人来做。在长途奔波之后,我们终于来到了堺市。此行始于我们对把食物放进嘴里这一实际行为(字面意思的"饮食之道")在文化、道德和实践层面的兴趣。而这一切往往都是从烹饪技法和厨刀开始的。

堺市历来以制刀享誉盛名。此地在15世纪和16世纪曾是一座商业城市,地理位置优越,适合水路贸易,曾经富甲一方。它也是制剑之都,能满足武士和贵族阶层对刀剑的需求。堺市与刀剑的渊源比火器制造的时间还要久远。16世纪中叶,葡萄牙牧师和商人来到这里,堺市随即成为日本主要的枪械产地,不过,由于日本举国上下更偏爱刀剑,所以堺市后来改制刀剑这样的冷兵器。16世纪实现了日本统一的织田信长因堺市拒绝放弃自治权而用武力攻占了此地,后来直到丰臣秀吉执掌权柄后,堺市才又重新兴旺起来(不过并未获得自治权)。德川时代(1600—1868年),日本迎来了长期的和平时期,人们对刀剑的需求量大幅减少。到了明治时代(1868—1912年),日本严禁武士佩戴刀剑,堺市的刀剑制造业几乎就此终结。当时日本只允许制造一些不开刃的仪式剑。第二次世界大战后,堺市成为日本首屈一指的厨刀产地,在用于制造传统刀剑的金属层压工艺基础之上,由当地工匠们加以改进工艺。经过层压技术改进的厨刀刀

#### 第 9 章
饮食之道

刃锋利异常,由此,日本厨师得以为他们烹饪的美食确立更高的审美标准,注重把食材切分和收拾得更干净。如今,家庭经营的厨刀制作小作坊仍然专注于刀片锻造、磨制或刀柄制作,这些都是成就一把好厨刀的要务。

我们保持安全距离,蹲下身子,观看土井逸夫制刀。只见他将金属敲入坯料中,刀片就是由此而来。刀片由高碳钢组成,夹在更软也更有弹性(铁多一些,钢少一些)的夹钢基层之间。之后,我们又跟着来到土井逸夫附近同事家的作坊,看制出的硬化刀具毛坯是如何进行磨削操作的。土井的同事将刀片装入木块中,然后将其放在一个框架里。只见他坐在框架前面的凳子上,用框架将待加工的刀片放低到转轮上,顿时间火花四溅。当他做这番操作时,一股水流过转轮,冲刷从毛坯上脱落的金属碎片,并一起飞向墙壁。浆液形成了一层增厚的金属残留物,与厚涂效果差不多,金属在空气中被氧化后变成绿色。不知不觉间,他将毛坯慢慢磨成了刀片。第二次世界大战之前,不同的分包作坊之间的任务分工并没有那么明确。制刀工艺流程,从锻造层压到精加工,通常是在一个车间内完成的。可是这一回,我们跟随着刀片来到了第三个作坊,也就是最后一个车间,看工匠如何

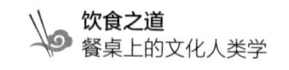

将刀片安装到带水牛角垫的木兰木刀柄中。

堺市用传统手艺制刀的工匠通常需要至少四天时间才能制作完成一把刀，几乎是纯手工制作。土井告诉我们，当年他曾发明了一种用于对坯料进行初加工的锻造装置，这个装置遭到他父亲的极力反对。该装置有一个简单的脚踏板，连接到一个加重的顶臂，可以用比人抡锤击打更大的力量来反复敲打烧红的刀片。不过，由于该装置机器在人和刀片锻造之间加入了机械加工这一环节，惹得土井的父亲大为光火，因为这位老匠人对"纯手工打造"的含义一点都不含糊。后来直到他的父亲退休，土井现在才得以踏踏实实地使用他发明的锻造装置，尽管他笑起来还多少有些歉疚的样子。毕竟，"纯手工打造"对他来说也是铭记于心的：刀既然是厨师手臂的延伸，就必须从延伸工匠的手臂开始。

万里之遥的另一个车间里，一门不同的制刀课程正在继续当中。这里没有锻造环节。我们的老师亚当·西姆哈（Adam Simha）曾在锻造厂学习过金属加工技术，不过他已决定专注于一种被称为"去料"（stock removal）的工艺，即加工处理从经过热处理的成型钢板上切下来的坯料。西姆哈是去料工艺的行家里手，该工艺是将坯料在大型带式砂光机上进行精细

## 第 9 章
饮食之道

打磨。传送带上嵌有微小的陶瓷碎片，可以对坯料进行去料，直到现出刀片的轮廓。这是一个机械化的过程，不过也是一个手艺活，需要手部、腿部、臀部和躯干核心合作无间，从而才能在压盘上驭刀自如（压盘是打磨机皮带在其上移动的平板）。刀片相较压板的角度非常关键，压板受力哪怕只是毫厘之差，也会对最终成型的刀片的形状和材料性质产生极大影响。虽然土井的父亲反对，但其实机械加工和手工制作并不矛盾，人操控机器甚至可以如臂使指。

西姆哈的车间主要配备了带式砂光机、钻床、带锯和其他几台大型设备。不管谁走进他的车间，都不免生出"杀鸡焉用宰牛刀"的想法。每当西姆哈操控这些机器打磨刀刃时，他做的刀具和他工作时的那种态度与土井有着某种令人吃惊的神似。西姆哈向我们演示如何将毛坯放在带式砂光机打磨机上，并演示该工艺环节如何将躯体的细微动作转化为最终所制作刀片上可以测量的差异。我们很快就发现，要想操控好这些设备，就意味着要让自己的身体与设备同步——这与跳舞没什么两样，只不过设备这个舞伴功能特别强，虽然它的位置不能动，但是它可以提前预测。令我们吃惊的是，身体居然要靠机器这么近：双腿抬起就靠在带式砂光机正下方装有冷水的塑料桶上，一只手要握好毛坯的柄，曲指向前握柄，而另一只手则要从下方握住刀片，拇指放平，而这只手其余部分则蜷起来避开砂光机。坯料本身与打磨方向是横向交叉的。西姆哈爱把双臂夹在身体两侧，我们也有样学样，双腿开立，上半身几乎纹丝不动，靠的是髋部的横向运动，结果动作时紧时松，感觉有点怪怪的。我们逐渐推进砂带，增大砂粒数量，从而提高精细度。随着刀片打磨得越来越薄，金属升温越来越快，我们其中一人的拇指烧得越来越疼。我们用砂带磨刀的时候要备好一桶冷水，这对于冷却刀片来说至关重要。

接下来是手工打磨环节，不仅用的砂纸越来越细，而且时不时还要喷点润滑油上去。最后一个环节是用砂带打磨，进一步修整手工打磨的刀面并寻找合适的刀柄。西姆哈向我们展示了多种刀柄：亚克力（也称有机玻璃）刀柄材料最轻，不过也最易碎；木刀柄，这种传统材料只要使用得当，就能经久耐用；玻璃纤维刀柄是重了点，不过很结实，即便你的刀不小心掉了，刀柄也不太可能会摔裂。大头针和强力胶水可把刀片和刀柄粘在一起。西姆哈这个人极富创造力，他甚至还想过用自行车把手作刀柄。我们选的是灰色玻璃纤维材质的刀柄，将其打磨成经典的刀柄形状。我们最终的目标是打造一种仿照欧洲牡蛎刀的小

# 第 9 章
## 饮食之道

刀：这种刀手柄坚固，刀片又厚又短，无论是撬还是切都好用。

在日本，刀匠（"刀匠"与"厨师"同义）的切割姿势至关重要。西姆哈向一位未来有望成为刀匠的人问了以下一些问题，由此可见他对于体态的重视：用刀切的时候该怎么站才好？你的操作台或案子有多高？你在切什么东西？让我看看你是怎么持刀的？我们中的一个人被告知，说她切东西的案板对她来说太高了，而她之所以会腰疼，可能是因为用了一把钝刀。于是，她磨了刀，做饭时在脚底垫了一层厚橡胶地板垫，结果真的感觉好多了。

在日本，关于如何正确用刀的"教科书"写得细致入微，有板有眼。野崎洋光如是解释说："用刀的时候，厨师的姿势至关重要。右臂对齐，左臂弯成半圆，将一只脚置于另一只脚后的侧方，与操作台成 45 度角。这样的姿势容易活动，便于精准切割。"[1] 当我们把这段文字拿给一位厨师看的时候，他不以为然地笑了笑。的确，观察厨师的动作时，我们很少看到书中所说的这种姿势。厨师的移动速度实在太快，要么是操作台高度不对，要么是人挡了他们的路。

对于未来可能会用厨刀做饭的人来说，最重要的问题可能是"你要切什么东西？"。是像白萝卜那么紧实的蔬菜？是一块吹弹可破的方形豆腐？还是肥瘦相间的肉？答案不同，所用的刀也不同。在所有日本刀中，最通用的是三德刀（santok），即"三用"刀，这种刀切鱼、切蔬菜和切肉都在行。它的刀刃两侧都经过磨削，不像大多数日本刀只在一侧磨削。从这方面来看，三德刀更像西方厨师用的刀。不过，我们很快得知，选择刀具事无绝对，原产地的本土文化也起到了一定的作用，其中鳗鱼刀（unagi-bocho）就是一个典型的例子。无论是在名古屋、东京还是大阪切鳗鱼，鳗鱼刀都是同样的用途。不过，由于不同地区的制刀工艺和鳗鱼的切法有所不同，用刀的方式自然会有很大的不同。在看到一把关西地区的鳗鱼刀的时候，一位自小在东京自家鳗鱼店长大的年轻女子不禁惊叹道："鳗鱼和鳗鱼没区别，怎么鳗鱼刀的差别会这么大呢？"事实上，日本各地的切鳗鱼的手法各具特色：在东京地区，厨师会从脊椎起刀向前切鳗鱼，因为如果从鱼腹开始切，就像是在切腹，那种象征日本武士道精神的"切腹"。而在京都，出于审美的原因，当地厨师更喜欢从鱼腹上开始下刀。曾经在东京盛行一时的日本武士文化，对京都的厨师影响不大，当地厨师更多受京都昔日宫廷文化的影响。

当我们了解刀具时，我们开始明白技术变革和烹

## 第 9 章
饮食之道

饪变革之间错综复杂、相辅相成的关系。之所以说两者相辅相成,是因为历史发展的动力之源并非技术手段,而是切实应对人类需求的一整套人类实践行为。于是这里就要提到中式菜刀。正如美食作家比·威尔逊(Bee Wilson)在她关于烹饪用具的那部书《想想叉子》(*Consider the Fork*)中所指出的那样,中式菜刀表现出食材和烹饪出的美食之间妙不可言的经济关系。[2] 日本厨刀中每种刀都有专门的用途(三德刀除外),而中式菜刀则是一刀多用。制作中式刀费不了多少料,刀身呈长方形,经验丰富的厨师操刀在手,任是再精细的切割活儿也不在话下。厨师用刀将食材切成小块,然后在炒锅中猛火快炒,费不了多少火——在中国历史上,木材和煤炭总是很短缺,因此将食材切成小块料备炒可提高烹饪效率。用炒制的方法,小肉块和蔬菜很容易入味,中式炒菜就是这么做的。中式炒菜要就着饭一起吃,而饭通常是米饭,面食则主要是馒头或面条。在中国,厨房和餐桌上主要使用筷子这一种餐具,因为不管是做菜还是用餐,筷子都很好用。用筷子夹小块食物比大块食物更得心应手。相比之下,传统的欧洲厨房拥有许多特殊用途的专用刀具,餐桌上最后肉该怎么分食客说了算。现代的牛排刀源自昔日的传统,即携带自己的餐刀来用

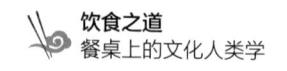

餐。所有菜都受切菜方式的影响。

正如"日本菜"是地域性的而非统一的全民族美食一样,日本厨刀也是有地域性的。参观佛罗伦萨北部的斯卡尔佩里亚(Scarperia)的时候,我们发现在意大利也有类似的情况。斯卡尔佩里亚是一座中世纪已然存在的村庄,村子建于1306年,建成还不到百年,此地就以精湛的制刀工艺而闻名。到了16世纪中叶,欧洲刀具在碳钢和铁方面有优势,此时斯卡尔佩里亚的制刀作坊联合起来,根据制刀标准和质量组成了行业协会,以保护他们这一行的手工技艺。不过,正如意大利各地城镇都有本地特色十足的美食(通常包括其他地方没有的意大利面形状)一样,意大利各地的刀具也各具特色。过去,斯卡尔佩里亚的刀具制造商制作的刀具非常适合切割基亚尼纳牛肉,这种牛肉被称为佛罗伦萨牛排(bistecca fiorentina),是佛罗伦萨的特产。正如当地食谱代代相传一样,制刀和保养刀的传统也代代相传。

我们穿过村庄时,看到了通往制刀车间和销售办公室的小门廊。各色刀具的海报讲述着刀具形状和款式的悠久历史——刀片、刀柄以及由牛角或金属制成的刀垫。一家刀具店的一位年轻女士非常乐于向顾客介绍各种款式的刀,她会问类似以下的问题:你会用它做什么？给我看看你的手，你知道必须让刀保持清洁干燥吗？你能保证吗？你可以把它拿回来磨一磨，换一个新刀柄吗？什么？你要把它带到美国去吗？好吧，刀需要修的时候请再回来。

现如今，刀具主要用于把食材收拾干净后做成饭菜，然后用其他餐具（有时包括手）把饭菜送到嘴里吃。不过过去可并非总是如此，直接用刀将食物送入嘴里也不稀奇。例如，在18世纪的英国，用刀来吃新鲜豌豆是首选的方式，这种方式已经流行开来。以前人们只能吃到干豌豆，将它用来做浓汤，用勺子来吃。当时的叉子通常只有两个尖齿，因此无法用来拾取豌豆。[3] 许多刀的刀尖是圆的，不会弄伤嘴巴，把嘴张开，豌豆可以顺着刀片滚进嘴里。不过，如果叉子有了四个尖齿，那么再用刀这么吃难免显得粗鲁。令人奇怪的是，不知道为什么，当时人们认为用勺子吃新鲜豌豆不妥。

每件餐具都是一个更大体系的组成部分，这样的体系包括农业、烹饪和饮食。通过观察器具，从它们的设计、制造到使用情况来看，我们得以窥见从农作物到餐桌礼仪这样规模更大的体系。例如，吃牛排通常需要刀叉，吃富富（fufu，西部非洲和中部非洲人民的一种主食）则需要用手或勺子，而筷子最适合吃切成小块的食物。用餐需要使用刀叉的烹饪体系涉及一系列假设，即想要吃什么样的肉，以及食者想要如何将肉分成份来享用。以富富为基础的烹饪体系，对于淀粉、其他成分以及食物从手送到嘴的轨迹之间的关系有着自己的想法。正如我们所看到的，筷子的世界是这样一个世界：通过刀工将一切食材都切成小块（就像豆腐一样），而这通常又与烹饪方式相关（例如，使用炒锅），这样做旨在快速烹饪小块食物，不仅食物好熟，还能尽量省火。即使是最讲究的漆筷，也是细心、节俭和善于发明创造的产物。

有了这种种饮食方式，就有可能实现从我们周围的世界到我们内心世界的短暂而微妙的旅程。饮食方式通过我们的嘴越过这道界限，进入了我们身体的个人空间，而每种文化都以不同的方式想象和理解这条界限。我们的餐桌礼仪可以说是围绕着外在和内在之间的界限而发展起来的，如果单从获取营养的角度来看，饮食仪式（尤其是社交饮食）会显得过于烦琐，似乎没这个必要，那也许是因为世界与嘴巴之间的界限是非常敏感的。[4] 进食是一种阈限行为，食物通过口腔进入身体后，就变成了身体的一部分。在这期间要想保持食物的纯净，就需要保持分离的姿态，这种想法在现代工业的自吹自擂中有所响应，即玻璃纸包

# 第9章
## 饮食之道

装的食物在其制造过程中"没有碰过人的手"。

最开始碰到食物的一定是手。手可以说是一种古老的进食工具,我们最初把食物送到嘴里就是靠的手,直到现在手仍然是最受欢迎的进食工具之一。手的传统必然是清洁传统。考古学家出土过古埃及人、希腊人、罗马人以及犹太人使用过的洗手盆。即使是当代皮塔饼三明治或甜甜圈的纸包装也表现出对分离的需要,这在食物和人们可能"不干净"的手指之间提供了某种防护措施。在一些饮食的文化模式当中,手的用途是有区别的:例如,在信奉印度教的印度,吃饭只能用右手,而该国传统规定如厕后用左手进行清洁。(了解一下有多少社会使用委婉语是很有趣的,比如日语的"te-arai",意思是"洗手的地方",甚至美国的"bathroom"也是委婉的说法,表示厕所。)在印度和其他一些地方,手是吃东西的主要器具,人们用手舀起少量的米饭、达尔(扁豆炖肉)或肉类和蔬菜菜肴,或者用一块馕饼(馕饼本身就是一种临时餐具)来夹一些泡菜吃。用面包或其他"可以舀的"食物来吃东西,可以在"脏的"食物和"干净的"手之间提供起中介作用的东西。人们还将淀粉"主食"与美味的"配菜"结合起来——在中国,这就是饭和菜。

但在西方餐桌礼仪中,手的地位却很尴尬。举个

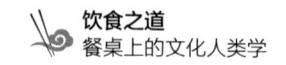

例子，在整个西欧历史的大部分时间里，人们仅使用拇指和食指将食物送入嘴中。在西方人看来，文明与野蛮之间的差距是用两根手指来衡量的。想想乔叟在《坎特伯雷故事集》中是这样描述女修道院院长用手吃饭的情节的：

> 她学了一套道地的餐桌礼节，不容许小块食物由唇边漏下，她手捏食物蘸汁的时候，不让指头浸入汤汁。然后她又把食物轻送口中，不让碎屑落在胸前。她最爱讲礼貌。她的上唇擦得干净，不使杯边留下任何薄层的油渍。她进食时一举一动都极细腻。[5]

乔叟略带戏谑地注重描述了女修道院院长的精致优雅，让读者不禁想象典型的 14 世纪酒馆客人的粗俗行为。餐巾既清洁又得体，当乔叟笔下的女修道院院长轻拭嘴唇（大概是用布）时，餐巾就发挥了作用。本质上来说，礼仪是文化赋予的社会行为规则，建立在对清洁、热情好客和群体成员资格的关注之上，是极有意义的，因为若是言行得当有礼貌，就表明此人大体上遵守公序良俗。事实上，礼仪是一种在公开场合的表现，由此我们向彼此保证我们出于善意，并保证会一起守规矩。礼貌有道义的力量，无礼

# 第9章
## 饮食之道

的行为是严重的冒犯，而彬彬有礼则表明一个人的善意。[6]

在日本人们并不使用餐巾，因为日本的餐桌礼仪细致入微，对他人的关注格外重要。用餐前，主人家会给客人发一条被称作"oshibori"的小毛巾，这是一种冷或热的湿毛巾，用于在用餐前提神和做清洁，不过在用餐期间他们通常不会将其派作餐巾来用，即使它就放在桌子上或柜台上。众所周知，日本游客在吃西餐的时候会对用手指和嘴唇弄脏桌布的习惯指指点点，觉得这有点恶心。然而，饭后当着人面剔牙的习俗现在在日本比在西方更常见，而这对于西方人来说可能多少有些不合时宜，因为对他们来说剔牙是私事。餐巾也是餐桌摆台中艺术表达的道具。专门有论文讨论过将宴会或晚宴餐巾折叠成正方形的多种方法，然后用餐时将其展开，放在腿上看不见的地方，随后餐巾上很快就会蘸上酱汁。

甚至连最纯粹的烹饪圣殿，也有双手的一席之地。看着餐厅厨房里的明星大厨，你很可能会发现她也是用手做菜，虽然她准备的饭菜是用精心布置的叉子、刀子和勺子来吃的。对食物的感觉——她只需用手指轻按一下排骨，就知道食物何时能做好，对于烹饪的食物来说至关重要。无论她测的是热度、质地还是弹性，她的手都是她最好的工具。厨师有权去触摸其他人会用餐具吃的食物，这是厨房工作赋予厨师的权限。这一个事实委实给我们上了一课。在我们的饮食文化"语法"当中不乏讽刺和矛盾，即使我们使用餐具将食物干干净净地送到嘴里，我们所有的感官都被这种体验所吸引，我们仍可能会允许自己用手举起鸡腿，或者用手拿黄油和盐腌制的萝卜。

# 结语

自然历史和人类历史就这样在餐盘中相遇。或者换句话来说，虽然时间各有不同，历史都尽在小小一盘食物当中。煮豆子和蒸大米需要时间，农民收割和加工它们也需要时间。这些植物需要时间才能长大。不过，这些作物还有更深入、更缓慢的物种发展历史，包括人类驯化它们、培育它们，以及将它们带到全球各地的方式。对比进展缓慢的时代，想想人类文化变革相对较快的时代，我们会发现，一代又一代，不同的社区以不同的方式煮豆子和蒸米饭，从南亚的达尔到南美的霍宾约翰菜。在不到一代人的时间里，食物谱系就可以交相融合，产生新的口味和新的期望。

我们认为这本书可以说是研究食物的工具包，而不是人类饮食方式大全。这本书没有提供关于饮食方

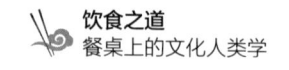

式如何变化或食物的文化意义的统一理论。我们认为，没有什么能解释一切——生物学、性别、地理、经济和阶级冲突、营养需求、技术或象征主义统统都不能，不过它们其中每一样都在食物研究中占有一席之地。我们更愿意找到的是与当前问题对口的解释，而非什么宏观理论。正如工具要适用于任务一样，解释性原则也同样如此。当我们避免泛泛而谈的理论时，我们也并不认同从过去走向可预测未来这种历史弧线的思路。饮食方式的历史并非我们能从中推断出规则的一组证据，自然我们也无从对食物的未来做出断言。北美地区在20世纪80年代开始接受寿司，这让许多观察家感到惊讶，但这并不意味着他们（或世界其他地方的类似食客群体）会接受另一种新型蛋白质，例如如今实验室培育或"培养"的蛋白质肉。[1] 不过，即使我们不相信宏大的历史弧线，我们仍然会对食品的未来感兴趣。

食物中总是满怀未来。各个地方必须为要吃什么做好计划，无论这意味着储存冬季的收成，还是预测人口变化和农业政策。[2] 我们写完这本书之际，食品的未来看起来岌岌可危，这既是因为气候危机，也是因为全球对资源密集型食品的消费日益增长。以肉食为主的现代西方饮食方式已经全球化，世界人口也已却急剧增长，但可用农田和水源却正在减少，并且随着21世纪时间的流逝，这些资源可能会继续减少。对此，追踪世界各地主要含水层枯竭情况的科学家们分外担忧，因为用于灌溉农作物的地下水被抽取的速度超过补充水的速度。农业是全世界水消耗量最大的行业。[3]这种危险情况如此广泛，特定作物处于危险之中：食客可能需要忍痛放弃爱吃的食物，例如香蕉；爱喝饮料的人可能会失去珍爱的饮品，例如咖啡。我们可能需要主动改变饮食习惯，以减少工业化农业对环境的长期影响。工业化农业领域最明显浪费的领域是肉类的工业化生产，这种做法使发达国家的肉类变得便宜。肉类不能很好地扩大规模，我们都在承受其对环境造成的后果。[4]

我们需要的是技术的未来还是新农业主义的未来？关于对食品未来的讨论，我们常常在这些明显的选择之间顾此失彼。自18世纪末，特别是20世纪中叶和21世纪初以来，有人认为新的农业技术和新的技术工具将为所有人提供一个富足的未来。其他人则认为，从工业化农业到大规模城市化，再到显著的人口增长，正是技术现代性造成了技术专家现在提出要解决的问题。他们说，解决之道不在于新技术，而在于回归非工业化的小规模农业生产方式。

名为《对烹饪现代主义的请求》(*A Plea for Culinary Modernism*)的这部书是蕾切尔·劳丹(Rachel Laudan)的深刻思想结晶,是大力支持工业化食品生产的一大力作,于2001年首次出版。[5] 劳丹写道,抨击麦当劳和其他快餐店容易得很,可如此简单达成的目标却掩盖了过去一百五十年来工业化粮食生产所取得的巨大成就。如今的食物比以往任何时候都更安全,也更丰富。全球农业养活的人口比以往任何时候都要多。劳丹写道,"烹饪领域中的卢德派分子(即反对技术进步者)"讲述的关于农业历史的故事错误百出。珍惜当地的、天然的和"有机"的食物,珍视花在厨房里辛苦工作的时间,这些都是非常新奇的,而且往往是一种源于特权的观点。事实上,在工业化之前,收成不好的时候,粮食就会稀缺。从地理上看粮食是有限的(除非你财大气粗,买得起进口食品),有时粮食里面还会长虫,未经加工的天然食物腐烂得很快。劳丹这样写道:"对于古希腊人来说,幸福不是一个盛产新鲜水果的翠绿伊甸园,而是一个安全上锁的仓库,里面装满了腌制的加工食品的。"[6] 劳丹反对过于黑白分明的食品处理方式,并呼吁"一种不偏不倚的理念,而是根据具体情况做出决定,即天然优于加工,新鲜优于保存"。[7]

劳丹无意顶着所有批评为工业化农业辩护，她承认批评者说的不无道理。简而言之，工业化农业已经危及了我们的自然环境。它不仅会造成污染，还会因种植基因不够多样化的作物而危及（其他）物种。大型农业企业往往青睐适合大规模生产和加工特定的植物品种。[8]然而，物种的遗传多样性可以帮助其应对疾病等威胁，或适应不断变化的条件，例如因气候变化引起的温度和天气变化。香蕉产业严重依赖卡文迪什香蕉（Cavendish），这是一种通过根茎插条而不是有性繁殖培育的香蕉品种。由于这种繁殖策略（值得注意的是，绝大多数香蕉种植者对所有品种都使用这种策略），卡文迪什香蕉树本质上是克隆的，它们几乎没有表现出遗传多样性，也几乎没有适应疾病的机制。卡文迪什这种做法可能会崩溃，并带走大部分产业——除非香蕉种植者能够在不使用相同繁殖策略的情况下引入另一种香蕉并扩大规模。当然，已有大型农业综合企业认识到了这些问题，并在寻求解决方案，可工业化的农业企业规模太过庞大，转向的难度很大。

我们的工业农业状况颇具讽刺意义：我们中的许多人之所以有时间享受做吃的那种令人愉快的体验，比如自己烤面包，正是因为将小麦磨成面粉这样耗时的任务都是由工业生产体系承担了。我们大多数人不必像我们的祖先那样为了填饱肚子而奔忙。我们当然应该认识到这些成果，不过我们也同样要关注我们的粮食系统的安全、我们的自然环境本身，以及我们所依赖的关键物种的遗传多样性。无论是轻信工业现代性及其规模效应，还是全盘拒绝或摒弃现代性，它们都只是意识形态问题，不足以应对未来的挑战。

我们的工业食品系统脆弱至极，因而食品历史和食品人类学就成为重要的资源。它们虽然搞的不是预测，可是记录了过去和现在的实践可能性，并提供了我们该如何适应不断变化的环境的线索。我们的饮食方式，还有我们所吃的植物和动物，都是从适应当地条件开始的。说起墨西哥瓦哈卡州的炸蚂蚱（Chapulines），还有泰国的巨型水蝽（maeng da），让人不禁想起世界各地人们食用的动物蛋白可谓是种类繁多，提醒人们可食用的范围是多种多样的，并且还会变化。你认为哪些动物内脏、动物的哪些部分不配端上餐桌？你对肉类的定义可能取决于你家当地的饮食文化，以及你所居住的更大社区的标准。不管怎样，"饺子"（dumpling）这个词对你来说意味着什么？指的是一块面团与其他馅料一起在锅中煮熟，还是用一个面片包裹着可口的蔬菜和肉类呢？它是松软的还是筋道的呢？我们的各种策略，无论是关于供应、烘烤、煮沸、发酵还是腌制,都靠的是手艺和传统智慧,且它们也是我们社会生活的地图,是更宏大的烹饪文化的一小部分。想想刀的作用并不复杂,就是用来帮我们把食材分开,而刀把食材分开是为了让大家一起分享。

# 注释

## 引言

1 See Egbert J. Bakker, *The Meaning of Meat and the Structure of the Odyssey* (Cambridge, UK: Cambridge University Press, 2013).

2 John Berger, Ways of Seeing (London: BBC, 1972).

3 有关在活跃的厨房里，洗碗是生活的一部分的论述，请参见 Peter Miller, *How to Wash the Dishes* (New York: Penguin Random House, 2020)。

## 第1章

1 Charles Darwin, *The Descent of Man, and Selection in Relation to Sex* (London: Penguin Books, 2004［1871］), chapter 5.

2 关于史前火的使用情况，以及火与原始人进化关系的论点，请参见 Richard Wrangham, *Catching Fire: How Cooking Made Us Human* (New York: Basic Books, 2010); 有关相反观点，请参见 Alianda M. Cornélio,

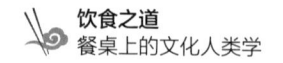

et al., "Human Brain Expansion during Evolution Is Independent of Fire Control and Cooking," *Frontiers in Neuroscience* 10 (2016): 167。

3  例如，请参见 Michael Pollan, *The Botany of Desire: A Plant's-eye View of the World* (New York: Random House, 2001)。

4  关于这类仪式的经典研究，请参见 George Frazier, *The Golden Bough: A Study in Magic and Religion* (London: Palgrave, 2016)。

5  Claude Lévi-Strauss, *The Raw and the Cooked: Mythologiques Volume I*, trans. John and Doreen Weightman (New York: Harper & Row, 1969).

6  关于结构主义的详细内容，请参见 Terence Hawkes, *Structuralism and Semiotics* (London: Routledge, 1977)。

7  See Fiona Marshall and Elisabeth Hildebrand, "Cattle Before Crops: The Beginnings of Food Production in Africa," *Journal of World Prehistory* 16, no. 2 (June 2002): 99–143.

8  See Stanley Brandes, "Maize as a Cultural Mystery," *Ethnology* 31 (1992): 331–36.

9  James C. Scott, *Against the Grain: A Deep History of the Earliest States* (New Haven: Yale University Press, 2017). 关于对斯科特的批评的详情，请参见 Jedediah BrittonPurdy, "Paleo Politics," *The New Republic*, November 1, 2017, and Samuel Moyn, "Barbarian Virtues," *The Nation*, October 5, 2017。

# 第 2 章

1 关于口粮作为国家强制和国家利益之间差别的具体表现形式，请参见 Alexander H. Joffe, "Alcohol and Social Complexity in Ancient Western Asia," *Current Anthropology* 46, no. 2 (April 1998): 275–303。

2 Fernand Braudel, "History and the Social Sciences: The Longue Durée," trans. Immanuel Wallerstein, in *Review (Fernand Braudel Center)* 32, no. 2, *Commemorating the Longue Durée* (2009): 171–203, 179.

3 Oddone Longo, "The Food of Others," in *Food: A Culinary History*, ed. Jean-Louis Flandrin and Massimo Montanari (New York: Columbia University Press, 1999), 156.

4 See Pierre Briant, *From Cyrus to Alexander: A History of the Persian Empire*, trans. Peter T. Daniels (Winona Lake, IN: Eisenbrauns, 2002).

5 See János Harmatta, "Three Iranian Words for 'Bread,'" *Acta Orientalia Academiae Scientiarum Hungaricae* 3, no. 3 (1953): 245–83.

6 关于波斯帝国宴会的常规情况，请参见 Kaori O'Connor, *The NeverEnding Feast: The Anthropology and Archaeology of Feasting* (London: Bloomsbury, 2015), chapter 3。

7 关于土耳其软糖源自波斯，还有使用坚果粉来增稠酱汁的技术，请参见 Reay Tannahill, *Food in History* (New York: Stein and Day, 1973), 175。

8 See, for example, Briant, *From Cyrus to Alexander*.

9   See Rachel Laudan, *Cuisine and Empire: Cooking in World History* (Berkeley: University of California Press, 2013), 64.

10  Laudan, *Cuisine and Empire*, 70–71.

11  关于罗马时期地中海地区凯尔特人的饮食模式，请参见 Benjamin Peter Luley, "Cooking, Class, and Colonial Transformations in Roman Mediterranean France," *American Journal of Archaeology* 118, no. 1 (January 2014): 33–60. And see Michael Dietler, *Archaeologies of Colonialism: Consumption, Entanglement, and Violence in Ancient Mediterranean France* (Berkeley: University of California Press, 2010)。

12  See J. J. Tierney, "The Celtic Ethnography of Posidonius," *Proceedings of the Royal Irish Academy. Section C: Archaeology, Celtic Studies, History, Linguistics, Literature* 60 (1959): 189–275, 247.

13  关于税粮的详细信息，请参见 Tannahill, Food in History, 85–87。

14  同样，如今日本寿司的前身是鲫鱼寿司（funazushi），这种寿司是用发酵的鱼加盐分层腌制的，腌制时间最长可达四年。在腌制过程中，鱼身形状不变，不过骨头和内脏部分会软化。在日本京都附近的琵琶湖畔，寿司仍然是一种美味。

15  See Laudan, *Cuisine and Empire*, 81.

16  Pliny the Elder, *Natural History Volume III, Book 8-11*, trans. H. Rackham, Loeb Classical Library 353 (Cambridge, MA: Harvard University Press, 1940): 146–147.

17  See Tony King, "Diet in the Roman World: A Regional

Inter-site Comparison of the Mammal Bones," *Journal of Roman Archaeology* 12 (1999): 168–202.

18  See Sally Grainger, "The Myth of Apicius," *Gastronomica* 7, no. 2 (Spring 2007): 71–77.

19  See Cicero, *De officiis* 1.150.

20  Cited in Robert Hughes, *Rome* (New York: A. Knopf, 2011), 7.

21  On parrot eating through history, see Bruce Boehrer, "The Parrot Eaters: Psittacophagy in the Renaissance and Beyond," *Gastronomica* 4, no. 3 (Summer 2004): 46–59.

22  See Lin Yutang, "The Chinese Cuisine," in *My Country and My People* (New York: Reynal & Hitchcock, 1935).

23  See Laudan, *Cuisine and Empire*, 92.

24  K.C. Chang, "Introduction," in *Food in Chinese Culture: Anthropological and Historical Perspectives*, ed. K.C. Chang (New Haven: Yale University Press, 1977), 11.

25  See Walter Scheidel, "From the 'Great Convergence' to the 'First Great Divergence': Roman and Qin-Han State Formation and Its Aftermath," Princeton/Stanford Working Papers in Classics, 2007.

26  关于中国小米和水稻种植的详细情况，请参见Kenneth Kiple, *A Moveable Feast: Ten Millennia of Food Globalization* (Cambridge, UK: Cambridge University Press, 2007): 41–42。

27  Kiple, A Moveable Feast, 43.

28  See Ying-shih Yü, "Food in Chinese Culture: The

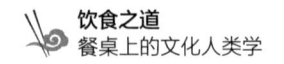

Han Period (206 B.C.E.–220 C.E.)," in Ying-shih Yü with Josephine Chiu-Duke and Michael S. Duke, *Chinese History and Culture: Sixth Century B.C.E. to Seventeenth Century* (New York: Columbia University Press, 2016).

29  See E. N. Anderson, *The Food of China* (New Haven: Yale University Press, 1988), 7.

30  Anderson, *The Food of China*, 44.

31  Anderson, *The Food of China*, 31.

32  From the *Chuang Tzu*. This translation by Derek Lin can be found at http:// dereklin.com and https://taoism.net/carving-up-an-ox.

33  See David R. Knechtges, "A Literary Feast: Food in Early Chinese Literature," *Journal of the American Oriental Society* 106, no. 1 (January-March, 1986): 49–63, 52.

34  See Emily S. Wu, "Chinese Ancestral Worship: Food to Sustain, Transform, and Heal the Dead and the Living," in *Dying to Eat: Cross-Cultural Perspectives on Food, Death, and the Afterlife*, ed. Candi K. Cann (Lexington: University Press of Kentucky, 2018).

35  See Anderson, *The Food of China*, 11.

36  Anderson, *The Food of China*, 15.

# 小插曲 3

1  *The Phnom Penh Post*, January 23, 2022.

# 第3章

请参见 Larry D. Benson, ed., *The Riverside Chaucer* (Oxford: Oxford University Press, 2008), lines 379–384。在现代英语中，这句话的意思是："他们带着一个厨师同行，为他们烧鸡和骨髓、酸粉馒头和莎草根。他对于伦敦酒最内行！他精通煨、煎、焙、炖等烹饪方法，能做精美的羹，又善于烤饼。"

1 On food as a constant theme in Chaucer, see Jayne Elisabeth Archer, Richard Marggraf Turley, and Howard Thomas, "'Soper at Oure Aller Cost': The Politics of Food Supply in the Canterbury Tales," *The Chaucer Review* 50, no. 1–2 (2015): 1–29. And see also Shayne Aaron Legassie, "The Pilgrimage Road in Late Medieval English Literature," in *Roadworks: Medieval Britain, Medieval Roads*, ed. Valerie Allen and Ruth Evans (Manchester: Manchester University Press, 2015).

2 See John Keay, *The Spice Route: A History* (Berkeley: University of California Press, 2006), 4.

3 See Fred C. Robinson, "Medieval, the Middle Ages," Speculum 59, no. 4 (October 1984): 745–56; 关于"黑暗时代"的观点，请参见 Theodore E. Mommsen, "Petrarch's Conception of the 'Dark Ages,'" *Speculum* 17, no. 2 (April 1942): 226–242。关于该何时为每个时期设定界限，学术界总是争论纷纷。

4 See Massimo Montanari, *Medieval Tastes: Food, Cooking, and the Table* (New York: Columbia University Press, 2015), chapter 15, "The Pilgrim's Food."

5 关于把基督教视为烹饪基础的看法，请参见 Rachel Laudan, "Christian Cuisines," in *Cuisine and Empire*,

especially 168–169。

6   See Caroline Walker Bynum, *Holy Feast and Holy Fast: The Religious Significance of Food to Medieval Women* (Berkeley: University of California Press, 1988), 38.

7   St. Augustine, Sermon 272, "On the Nature of the Sacrament of the Eucharist."

8   See Phyllis Pray Bober, *Art, Culture & Cuisine: Ancient and Medieval Gastronomy* (Chicago: University of Chicago Press, 1999), 253.

9   See Léo Moulin, "La bière, une invention médiévale," in *Manger et boire au Moyen Age: Actes du colloque de Nice*, ed. Denis Menjot (Paris: Les Belles Lettres, 1984).

10  See William Bostwick, *The Brewer's Tale: A History of the World According to Beer* (New York: W.W. Norton, 2015).

11  关于这类情况，请参见 Justin Colson, "A Portrait of a Late Medieval London pub: The Star Inn, Bridge Street," in *Medieval Londoners: Essays to Mark the Eightieth Birthday of Caroline M. Barron*, ed. Elizabeth A. New and Christian Steer (Chicago: University of Chicago Press, 2019)。

12  See Katherine L. French, "Gender and Changing Foodways in England's Latemedieval Bourgeois Households," *Clio: Women, Gender, History* 40 (2014): 42–62.

13  See Martha Carlin, "'What say you to a piece of beef and mustard?': The Evolution of Public Dining in Medieval and Tudor London," *Huntington Library Quarterly* 71, no. 1 (March 2008): 199–217.

14 See Barbara A. Hanawalt, "The Host, the Law, and the Ambiguous Space of Medieval London Taverns," in *Medieval Crime and Social Control*, ed. Barbara A. Hanawalt and David Wallace (Minneapolis: University of Minnesota Press, 1998).

15 See George Dameron, "Feeding the Medieval Italian City-State," *Speculum* 92, no. 4 (October 2017): 976–1019.

16 See Herman Pleijj, *Dreaming of Cockaigne: Medieval Fantasies of the Perfect Life*, trans. Diane Webb (New York: Columbia University Press, 2003).

17 See Kathy L. Pearson, "Nutrition and the Early-Medieval," *Speculum* 72, no. 1 (January 1997): 1–32.

18 See Rachel Laudan, "The Birth of the Modern Diet," *Scientific American* (August 2000): 11–16.

19 See Bober, *Art, Culture & Cuisine*, 261.

20 有关以英语案例为重点的概述，请参见 Bruce M.S. Campbell and Mark Overton, "A New Perspective on Medieval and Early Modern Agriculture: Six Centuries of Norfolk Farming c. 1250–c. 1850," *Past & Present* 141 (November 1993): 38–105。

21 See Christopher Bonfield, "The First Instrument of Medicine: Diet and Regimens of Health in Late Medieval England," in *A Verray Parfit Praktisour: Essays Presented to Carole Rawcliffe*, ed. Linda Clark and Elizabeth Danbury (Woodbridge, UK: Boydell & Brewer, 2017).

22 See Laudan, *Cuisine & Empire*, 176, and Wolfgang Schivelbusch, *Tastes of Paradise: A Social History*

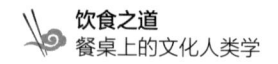

of Spices, Stimulants, and Intoxicants*, trans. David Jacobson (New York: Vintage, 1992).

23 肉豆蔻可做香料，可入药，果实经常被制作成果酱。

24 See "Sir Thopas's Tale" in Chaucer, *The Canterbury Tales*.

25 See Clifford A. Wright, "The Medieval Spice Trade and the Diffusion of the Chile," *Gastronomica* 7, no. 2 (Spring 2007): 35–43.

26 See Keay, *The Spice Route*, 9.

27 Giles Milton, *Nathaniel's Nutmeg* (New York: Farrar, Straus and Giroux, 1999).

28 Quoted in Jack Turner, *Spice: the History of a Temptation* (New York: Knopf, 2008), 39.

29 Paul Freedman, ed., *Food: The History of Taste* (London: Thames and Hudson, 2007), 246.

30 See Keay, *The Spice Route*, 139.

31 See Henri Pirenne, *Economic and Social History of Medieval Europe*, trans. I.E. Clegg (New York: Harvest/Harcourt Brace & World, 1966), 141.

32 See Schivelbusch, *Tastes of Paradise*.

# 第 4 章

1 Alfred Crosby, *The Columbian Exchange* (New York: Greenwood Press, 1972).

2　Charles C. Mann, 1491: *New Revelations of the Americas Before Columbus* (New York: Knopf, 2005).

3　关于本土农业和土地利用情况，请参见 Mann, 1491, 还可以参见：David L. Lentz, ed., *Imperfect Balance: Landscape Transformations in the PreColumbian Americas* (New York: Columbia University Press, 2000); Robert A. Dull, "Evidence for Forest Clearance, Agriculture, and Human-Induced Erosion in Precolumbian El Salvador," *Annals of the Association of American Geographers* 97, no. 1 (March, 2007): 127–41。关于这方面古民族植物学的复杂性，请参见 Christopher T. Morehart and Shanti Morell-Hart, "Beyond the Ecofact: Toward a Social Paleoethnobotany in Mesoamerica," *Journal of Archaeological Method and Theory* 22, no. 2 (June 2015): 483–511。

4　为了方便起见，我们在这里使用了现代的"阿兹特克人"一词。我们之所以称为"阿兹特克人"，是因为我们根据他们的祖籍来称呼他们的。

5　Mann, 1491, 18.

6　John Gerard, Gerard's Herball［Boston: Houghton Mifflin, 1969（1597）］, 276.

7　关于土豆对世界历史的影响，特别是对欧洲影响的观点，请参见 William H. McNeill, "How the Potato Changed the World's History," *Social Research* 66, no. 1 (Spring 1999): 67–83。

8　Crosby, *The Columbian Exchange*, 182.

9　See Mann, 1491, 254.

10　Joanna Davidson, *Sacred Rice: An Ethnography of*

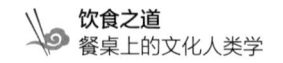

*Identity, Environment and Development in Rural West Africa* (Oxford: Oxford University Press, 2016), 18 ff.

11  Davidson, *Sacred Rice*.

12  Davidson, *Sacred Rice*, chapter 1, especially p. 4.

13  See Judith A. Carney, *Black Rice* (Cambridge, MA: Harvard University Press, 2001).

14  Michael Twitty, *Rice* (Chapel Hill: University of North Carolina Press, 2021), 3.

15  Jessica B. Harris, "Out of Africa: Musings on Culinary Connections to the Motherland," in *Black Food: Stories, Art and Recipes from Across the African Diaspora*, ed. Bryant Terry (New York: Ten Speed Press, 2021), 27.

16  Harris, "Out of Africa," 28.

# 第 5 章

1  See Maxine Berg, "Consumption in Eighteenth and Early Nineteenthcentury Britain," in *The Cambridge Economic History of Modern Britain, Volume 1 Industrialization*, ed. Roderick Floud and Paul Johnson (Cambridge, UK: Cambridge University Press, 2004), 365.

2  See Gregson Davis, "Jane Austen's Mansfield Park: The Antigua Connection," in *Antigua Conference Papers* (University of California at Davis, 2004), https://www.open.uwi.edu/sites/default/files/bnccde/antigua/conference/papers/davis.html.

3  See Sidney Mintz, *Sweetness and Power: The Place of*

*Sugar in Modern History* (New York: Viking Penguin, 1985), 101.

4 Mintz, *Sweetness and Power*, 185.

5 Mintz, *Sweetness and Power*, 174.

6 See Mark Pendergrast, *Uncommon Grounds: The History of Coffee and How it Transformed the World* (New York: Basic Books, 1999), 8.

7 See Jürgen Habermas, *The Structural Transformation of the Public Sphere: An Inquiry into a Category of Bourgeois Society*, trans. Thomas Burger (Cambridge, MA: MIT Press, 1989).

8 See Merry I. White, *Coffee Life in Japan* (Berkeley: University of California Press, 2012).

9 White, *Coffee Life in Japan*, 73–74.

## 小插曲 6

1 Theodor W. Adorno, *The Jargon of Authenticity*, trans. Knut Tarnowski and Frederic Will (London: Routledge and Kegan Paul, 1973).

## 第 6 章

1 Isabella Beeton, *Mrs. Beeton's Book of Household Management* (London: S.O. Beeton Publishing, 1861), 169.

2　William Makepeace Thackeray, *Vanity Fair* [ New York: Vintage Books, 1950 (1848) ], 21–22.

3　John Williams, 1841, cited on his mission in the South Seas in Lizzie Collingham, *The Hungry Empire* (London: The Bodley Head, 2017), 189.

4　Collingham, *The Hungry Empire*, 193.

5　Simon Schama, *The Embarrassment of Riches* (New York: Alfred Knopf, 1987).

6　Bernard Germain de Lacepede, cited in Laudan, *Cuisine and Empire*, 228.

7　Van Voi Tran, "How 'Natives' Ate at Colonial Exhibitions in 1889, 1900, and 1931," *French Cultural Studies* 26, no. 2 (2015): 163–175.

8　Sylvie Durmelat, "Introduction: Colonial Culinary Encounters and Imperial Leftovers," *French Cultural Studies* 26, no. 2 (2015): 119, with reference to Rebecca Spang, *The Invention of the Restaurant: Paris and Modern Gastronomic Culture* (Cambridge, MA: Harvard University Press, 2000).

9　Angela Giovanangeli, "'Merguez Capitale': The Merguez Sausage as a Discursive Construction of Cosmopolitan Branding, Colonial Memory and Local Flavour in Marseille," *French Cultural Studies* 26, no. 2 (2015): 231–243.

# 第 7 章

*Epigraph*: Arthur Young, *The Farmer's Tour Through the*

*East of England* (1771), in D.B. Horn and Mary Ransome, eds., *English Historical Documents*, Vol. X, 1714–1783 (Oxford: Oxford University Press, 1969): 440–443.

1. Robert Allen, *Enclosure and the Yeoman* (Oxford: Clarendon Press, 1992).

2. Allen, *Enclosure and the Yeoman*, 1.

3. 关于餐馆在18世纪的起源，请参见 Jean-Robert Pitte, "The Rise of the Restaurant," in Flandrin and Montanari, *Food*, and Spang, *The Invention of the Restaurant*。

4. 关于这些粮食骚乱的具体情况，请参见 E.P. Thompson, "The Moral Economy of the English Crowd in the 18th Century," *Past & Present 50* (February 1971): 76–136。

5. T.S. Ashton, *The Industrial Revolution* (Oxford: Oxford University Press, 1954), 161.

6. Flandrin and Montanari, *Food*, 351.

7. Steven Kaplan, *The Bakers of Paris and the Bread Question*: 1700–1775 (Durham, NC: Duke University Press, 1996).

8. David Clark, *Urban Geography* (London: Croom Helm, 1982).

9. Laudan, "The Birth of the Modern Diet."

10. Philip Hyman and Mary Human, "Printing the Kitchen: French Cookbooks, 1480–1800," in Flandrin and Montanari, *Food*, 394–401.

11. 以下内容主要摘自 G.J. Leigh 的 *The World's Greatest Fix: A History of Nitrogen and Agriculture* (Oxford: Oxford University Press, 2004)。

12  Leigh, *The World's Greatest Fix*, 10–22.

13  William Croakes, *The Wheat Problem: Based on Remarks Made in the Presidential Address to the British Association at Bristol in 1898, Revised, with an Answer to Various Critics* (London: J. Murray, 1898).

# 第 8 章

1  关于酵母等微生物，以及使用微生物的工业生产与手工食品工艺实践之间的关系，请参见 Heather Paxson, *The Life of Cheese: Crafting Food and Value in America* (Berkeley: University of California Press, 2012)。

2  Reyner Banham, "The Crisp at the Crossroads," *New Society*, July 9, 1970), 77.

3  有关快餐，请参见 Eric Schlosser's *Fast Food Nation: The Dark Side of the AllAmerican Meal* (New York: Houghton Mifflin, 2001)。

4  Michael Pollan, *In Defense of Food: An Eater's Manifesto* (New York: Penguin 2008).

5  See Emiko Ohnuki-Tierney, "McDonald's in Japan: Changing Manners and Etiquette," *in Golden Arches East: McDonald's in East Asia*, ed. James Watson, 2nd ed. (Stanford, CA: Stanford University Press, 2006): 161–182.

6  关于慢食的使命宣言，请参见 www.slowfood.org。

7  See Nicola Twilley, "The Coldscape," in *Cabinet* 47 (Fall 2012): 78–87.

8　Joe Strummer and the Mescaleros, "Bhindi Bhagee," *Global a Go-Go* (2001).

9　Stuart Hall, "The Local and the Global: Globalization and Ethnicity," in *Culture, Globalization and the World-System: Contemporary Conditions for the Representation of Identity*, ed. Anthony D. King (Minneapolis: University of Minnesota Press, 1997), 19–40.

10　Arjun Appadurai, "How to Make a National Cuisine: Cookbooks in Contemporary India," *Comparative Studies in Society and History* 30, no. 1 (January 1988): 3–24.

11　Jeffrey Pilcher, "Tamales or Timbales: Cuisine and the Formation of Mexican National Identity, 1821–1911," *The Americas* 53, no. 2 (Oct. 1996): 193–216.

12　See Jeffrey T. Schnapp, "The Romance of Caffeine and Aluminum," *Critical Inquiry* 28, no. 1 (Autumn 2001): 244–269.

13　"当地土著与外来文化接触之前"指的是1778年詹姆斯·库克船长（Captain James Cook）到达夏威夷之前。在那之后，西方的影响深深侵入了夏威夷文化，夏威夷人的饮食健康也因此恶化。

# 第9章

1　Nozaki Hiromitsu, *Japanese Kitchen Knives: Essential Techniques and Recipes* (Tokyo: Kodansha International, 2009): 14–15.

2　Bee Wilson, *Consider the Fork: A History of How We*

Cook and Eat (New York: Basic Books, 2012).

3   See Margaret Visser, *The Rituals of Dinner: The Origins, Evolution, Eccentricities, and Meaning of Table Manners* (New York: Penguin, 1991).

4   See Mary Douglas, *Purity and Danger: An Analysis of Concepts of Purity and Taboo* (London: Routledge, 1984) and Stephen Bigger, "Victor Turner, Liminality and Cultural Performance," *Journal of Beliefs and Values* 30, no. 2, 2009: 209–212.

5   "她学了一套道地的餐桌礼节,不容许小块食物由唇边漏下。她手捏食物蘸汁的时候,不让指头浸入汤汁。然后她又把食物轻送口中,不让碎屑落在胸前。她最爱讲礼貌。她的上唇擦得干净,不使杯边留下任何薄层的油渍。她进食时的一举一动都极细腻。"(《坎特伯雷故事》之《女修道院院长的故事》)

6   关于这些问题,请参见 Visser, *The Rituals of Dinner*。

# 结语

1   See Benjamin Aldes Wurgaft, *Meat Planet: Artificial Flesh and the Future of Food* (Oakland: University of California Press, 2019).

2   请参见 Warren Belasco, *Meals to Come: A History of the Future of Food* (Berkeley: University of California Press, 2006), 这是唯一一部关于想象和预测食物未来的历史研究书籍。

3   有关大致的概述,请参见 Jay Famiglietti, "A Map of the Future of Water," for the Pew Charitable Trusts: https://

www.pewtrusts.org/en/trend/archive/spring–2019/a-map-of-the-future-of-water。最近的一项研究考虑到 2050 年未来可能出现的水资源短缺，详情请参见：X. Liu, et al., "Global Agricultural Water Scarcity Assessment Incorporating Blue and Green Water Availability under Future Climate Change," *Earth's Future* 10(2022), e2021EF002567, https://doi.org/10.1029/2021EF002567. Science journalist Erica Gies has written on the relationship between infrastructure and water, with an eye towards water futures, in her book *Water Always Wins: Thriving in an Age of Drought and Deluge* (Chicago: University of Chicago Press, 2022)。

4　关于工业化肉类生产的问题已经写了很多。两个标志性的作品分别是 Francis Moore Lappé, *Diet for a Small Planet* (New York: Ballantine, 1971) 和 Orville Schell, *Modern Meat* (New York: Vintage, 1985)。2006 年，联合国粮食及农业组织（FAO）发布了一份题为《畜牧业的巨大阴影》(*Livestock's Long Shadow*)的报告，严词提出了工业化畜牧业的问题，并说明了它对气候变化的影响。该研究最初估计，该行业每年会产生全球人为温室气体排放量约 18% 的份额，随后的研究报告将这一估值降低至 14.5%。

5　Rachel Laudan, "A Plea for Culinary Modernism: Why We Should Love New, Fast, Processed Food," *Gastronomica* 1, no. 1. (2001): 36–44.

6　Laudan, "Plea," 38.

7　Laudan, "Plea," 43.

8　See Dan Saladino, *Eating to Extinction: The World's Rarest Foods and Why We Need to Save Them* (New York: Penguin, 2021).

# 参考文献

Adorno, Theodor W. *The Jargon of Authenticity*. Translated by Knut Tarnowski and Frederic Will. London: Routledge & Kegan Paul, 1973.

Allen, Robert. *Enclosure and the Yeoman*. Oxford: Clarendon Press, 1992. Anderson, E. N. *The Food of China*. New Haven: Yale University Press, 1988. Appadurai, Arjun. "How to Make a National Cuisine: Cookbooks in Contempo-rary India." *Comparative Studies in Society and History* 30, no. 1 (January 1988): 3–24.

Archer, Jayne Elisabeth, Richard Marggraf Turley, and Howard Thomas. "'Soper at Oure Aller Cost': The Politics of Food Supply in the Canterbury Tales." *The Chaucer Review* 50, no. 1–2 (2015): 1–29.

Bakker, Egbert J. *The Meaning of Meat and the Structure of the Odyssey*. Cam–bridge, UK: Cambridge University Press, 2013.

Banham, Reyner. "The Crisp at the Crossroads." *New Society*, July 9, 1970. Beeton, Isabella. *Mrs. Beeton's Book of Household Management*. London: S. O. Beeton Publishing, 1861.

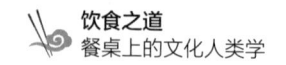

Belasco, Warren. *Meals to Come: A History of the Future of Food*. Berkeley: University of California Press, 2006.

Benson, Larry D., ed. *The Riverside Chaucer*. Oxford: Oxford University Press, 2008. Berg, Maxine. "Consumption in Eighteenth and Early Nineteenth-century Britain." In *The Cambridge Economic History of Modern Britain, Volume 1, Industrialization*, edited by Roderick Floud and Paul Johnson, 357–86. Cambridge, UK: Cambridge University Press, 2004.

Berger, John. *Ways of Seeing*. London: BBC, 1972.

Bigger, Stephen. "Victor Turner, Liminality and Cultural Performance." *Journal of Beliefs and Values* 30, no. 2 (2009): 209–12.

Bober, Phyllis Pray. *Art, Culture & Cuisine: Ancient and Medieval Gastronomy*. Chicago: University of Chicago Press, 1999.

Boehrer, Bruce. "The Parrot Eaters: Psittacophagy in the Renaissance and Beyond." *Gastronomica* 4, no. 3 (Summer 2004): 46–59.

Bonfield, Christopher. "The First Instrument of Medicine: Diet and Regimens of Health in Late Medieval England." In *A Verray Parfit Praktisour: Essays Presented to Carole Rawcliffe*, edited by Linda Clark and Elizabeth Danbury, 99–120. Woodbridge, UK: Boydell & Brewer, 2017.

Bostwick, William. *The Brewer's Tale: A History of the World According to Beer*. New York: W. W. Norton, 2015.

Brandes, Stanley. "Maize as a Cultural Mystery." *Ethnology* 31 (1992): 331–36.

Braudel, Fernand. "History and the Social Sciences: The

Longue Durée." Translated by Immanuel Wallerstein. *Review (Fernand Braudel Center)* 32, no. 2, *Commemorating the Longue Durée* (2009): 171–203.

Briant, Pierre. *From Cyrus to Alexander: A History of the Persian Empire*. Translated by Peter T. Daniels. Winona Lake, IN: Eisenbrauns, 2002.

Britton-Purdy, Jedediah. "Paleo Politics." *The New Republic*, November 1, 2017. https://newrepublic.com/article/145444/paleo-politics-what-made-prehistoric-hunter-gatherers-give-freedom-civilization.

Bynum, Caroline Walker. *Holy Feast and Holy Fast: The Religious Significance of Food to Medieval Women*. Berkeley: University of California Press, 1988.

Campbell, Bruce M.S., and Mark Overton. "A New Perspective on Medieval and Early Modern Agriculture: Six Centuries of Norfolk Farming c. 1250–c. 1850." *Past & Present* 141 (November 1993): 38–105.

Carlin, Martha. "'What say you to a piece of beef and mustard?': The Evolution of Public Dining in Medieval and Tudor London." *Huntington Library Quarterly* 71, no. 1 (March 2008): 199–217.

Carney, Judith A. *Black Rice: The African Origins of Rice Cultivation in the Americas*. Cambridge, MA: Harvard University Press, 2001.

Chang, K. C., ed. *Food in Chinese Culture: Anthropological and Historical Perspectives*. New Haven: Yale University Press, 1977.

Clark, David. *Urban Geography*. London: Croom Helm, 1982.

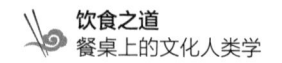

Collingham, Lizzie. *Curry: A Tale of Cooks and Conquerors*. New York: Vintage Press, 2005. *The Hungry Empire*. London: The Bodley Head, 2017.

Colson, Justin. "A Portrait of a Late Medieval London pub: The Star Inn, Bridge Street." In *Medieval Londoners: Essays to Mark the Eightieth Birthday of Caroline M. Barron*, edited by Elizabeth A. New and Christian Steer, 37–54. Chicago: University of Chicago Press, 2019.

Cornélio, Alianda M., et al. "Human Brain Expansion during Evolution Is Independent of Fire Control and Cooking." *Frontiers in Neuroscience* 10 (2016).

Crosby, Alfred. *The Columbian Exchange*. New York: Greenwood Press, 1972. Dameron, George. "Feeding the Medieval Italian City-State." *Speculum* 92, no. 4 (October 2017): 976–1019.

Darwin, Charles. *The Descent of Man, and Selection in Relation to Sex*. London: Penguin Books, 2004.

Davidson, Joanna. *Sacred Rice: An Ethnography of Identity, Environment and Development in Rural West Africa*. Oxford: Oxford University Press, 2016.

Davis, Gregson. "Jane Austen's *Mansfield Park:* The Antigua Connection." In *Antigua Conference Papers*. Davis: University of California at Davis, 2004. https://www.open.uwi.edu/sites/default/files/bnccde/antigua/conference/papers/davis.html.

Dietler, Michael. *Archaeologies of Colonialism: Consumption, Entanglement, and Violence in Ancient Mediterranean France*. Berkeley: University of California Press, 2010.

Douglas, Mary. *Purity and Danger*. London: Routledge, 1984.

Dull, Robert A. "Evidence for Forest Clearance, Agriculture, and Human- Induced Erosion in Precolumbian El Salvador." *Annals of the Association of American Geographers* 97, no. 1 (March, 2007): 127–41.

Durmelat, Sylvie. "Introduction: Colonial Culinary Encounters and Imperial Leftovers." *French Cultural Studies* 26, no. 2 (2015): 115–29.

Flandrin, Jean-Louis, and Massimo Montanari, eds. *Food: A Culinary History*. New York: Columbia University Press, 1999.

Frazier, George. *The Golden Bough: A Study in Magic and Religion*. London: Palgrave, 2016.

Freedman, Paul, ed. *Food: The History of Taste*. London: Thames and Hudson, 2007.

French, Katherine L. "Gender and Changing Foodways in England's Late-medieval Bourgeois Households." *Clio: Women, Gender, History* 40 (2014): 42–62.

Gerard, John. *Gerard's Herball*. Boston: Houghton Mifflin, 1969 [1597].

Gies, Erica. *Water Always Wins: Thriving in an Age of Drought and Deluge*. Chicago: University of Chicago Press, 2022.

Giovanangeli, Angela. "'Merguez Capitale': The Merguez Sausage as a Discursive Construction of Cosmopolitan Branding, Colonial Memory and Local Flavour in Marseille." *French Cultural Studies* 26, no. 2 (2015): 231–43.

Grainger, Sally. "The Myth of Apicius." *Gastronomica* 7, no. 2 (Spring 2007): 71–77.

Habermas, Jürgen. *The Structural Transformation of the Public Sphere: An Inquiry into a Category of Bourgeois Society*. Translated by Thomas Burger. Cam- bridge, MA: MIT Press, 1989.

Hall, Stuart. "The Local and the Global: Globalization and Ethnicity." In *Culture, Globalization and the World-System: Contemporary Conditions for the Representation of Identity*, edited by Anthony D. King, 19–40. Minneapolis: University of Minnesota Press, 1997.

Hanawalt, Barbara A. "The Host, the Law, and the Ambiguous Space of Medieval London Taverns." In *Medieval Crime and Social Control*, edited by Barbara A. Hanawalt and David Wallace, 204–23. Minneapolis: University of Minnesota Press, 1998.

Harmatta, J á nos. "Three Iranian Words for "Bread."" *Acta Orientalia Academiae Scientiarum Hungaricae* 3, no. 3 (1953): 245–83.

Harris, Jessica B. "Out of Africa: Musings on Culinary Connections to the Motherland." In *Black Food: Stories, Art and Recipes from Across the African Diaspora*, edited by Bryant Terry. New York: Ten Speed Press, 2021.

Hawkes, Terence. *Structuralism and Semiotics*. London: Routledge, 1977. Horn, D. B., and Mary Ransome, eds. *English Historical Documents, Vol. X, 1714–1783*. Oxford: Oxford University Press, 1969.

Hughes, Robert. *Rome*. New York: A. Knopf, 2011.

Hyman, Philip, and Mary Human. "Printing the Kitchen: French Cookbooks, 1480–1800." In Flandrin and Montanari, *Food*, 394–401.

Joffe, Alexander H. "Alcohol and Social Complexity in Ancient Western Asia." *Current Anthropology* 46, no. 2 (April 1998): 275–303.

Kaplan, Steven. *The Bakers of Paris and the Bread Question: 1700-1775*. Durham, NC: Duke University Press, 1996.

Keay, John. *The Spice Route: A History*. Berkeley: University of California Press, 2006.

King, Tony. "Diet in the Roman World: A Regional Inter-site Comparison of the Mammal Bones." *Journal of Roman Archaeology* 12 (1999): 168–202.

Kiple, Kenneth. *A Moveable Feast: Ten Millennia of Food Globalization*. Cambridge, UK: Cambridge University Press, 2007.

Knechtges, David R. "A Literary Feast: Food in Early Chinese Literature." *Journal of the American Oriental Society* 106, no. 1 (January-March 1986): 49–63.

Lappé, Francis Moore. *Diet for a Small Planet*. New York: Ballantine, 1971.

Laudan, Rachel. "The Birth of the Modern Diet." *Scientific American* (August 2000): 11–16.

——— "A Plea for Modernist Cuisine: Why We Should Love New, Fast, Processed Food." *Gastronomica* 1, no. 1 (2001): 36–44.

——— *Cuisine and Empire: Cooking in World History*. Berkeley: University of California Press, 2013.

Legassie, Shayne Aaron. "The Pilgrimage Road in Late Medieval English Literature." In *Roadworks: Medieval Britain, Medieval Roads*, edited by Valerie Allen and Ruth Evans, eds., 198–219. Manchester: Manchester University Press, 2015.

Leigh, G. J. *The World's Greatest Fix: A History of Nitrogen and Agriculture*. Oxford: Oxford University Press, 2004.

Lentz, David L., ed. *Imperfect Balance: Landscape Transformations in the Pre-Columbian Americas*. New York: Columbia University Press, 2000.

Lévi-Strauss, Claude. *The Raw and the Cooked: Mythologiques Volume I*. Translated by John and Doreen Weightman. New York: Harper & Row, 1969.

Lin Yutang. "The Chinese Cuisine." In *My Country and My People*, 317–25. New York: Reynal & Hitchcock, 1935.

Liu, X., et al. "Global Agricultural Water Scarcity Assessment Incorporating Blue and Green Water Availability under Future Climate Change." *Earth's Future* 10 (2022), e2021EF002567, https://doi.org/10.1029/2021EF002567.

Longo, Oddone. "The Food of Others." In Flandrin and Montanari, *Food*, 153–93. Luley, Benjamin Peter. "Cooking, Class, and Colonial Transformations in Roman Mediterranean France." *American Journal of Archaeology* 118, no. 1 (January 2014): 33–60.

Mann, Charles C. *1491: New Revelations of the Americas Before Columbus*. New York: Knopf, 2005.

Marshall, Fiona, and Elisabeth Hildebrand. "Cattle Before Crops: The Beginnings of Food Production in Africa." *Journal of World Prehistory* 16, no. 2 (June 2002): 99–143.

McNeill, William H. "How the Potato Changed the World's History." *Social Research* 66, no. 1 (Spring 1999): 67–83.

Miller, Peter. *How to Wash the Dishes*. New York: Penguin Random House, 2020.

Milton, Giles. *Nathaniel's Nutmeg*. New York: Farrar, Straus and Giroux, 1999.

Mintz, Sidney. *Sweetness and Power: The Place of Sugar in Modern History*. New York: Viking Penguin, 1985.

Mommsen, Theodore E. "Petrarch's Conception of the 'Dark Ages.'" *Speculum* 17, no. 2 (April 1942): 226–42.

Montanari, Massimo. *Medieval Tastes: Food, Cooking, and the Table*. New York: Columbia University Press, 2015.

Morehart, Christopher T., and Shanti Morell-Hart. "Beyond the Ecofact: Toward a Social Paleoethnobotany in Mesoamerica." *Journal of Archaeological Method and Theory* 22, no. 2 (June 2015): 483–511.

Moulin, Léo. "La bière, une invention médiévale." In *Manger et boire au Moyen Age: Actes du colloque de Nice (15–17 octobre 1982)*, edited by Denis Menjot, 13–31. Paris: Les Belles Lettres, 1984.

Moyn, Samuel. "Barbarian Virtues." *The Nation*, October 5, 2017. https://www.thenation.com/article/archive/barbarian-virtues.

Nozaki, Hiromitsu. *Japanese Kitchen Knives: Essential Techniques and Recipes*. Tokyo: Kodansha International, 2009.

Ohnuki-Tierney, Emiko. "McDonald's in Japan: Changing Manners and Etiquette." In Watson, *Golden Arches East*, 161–82.

O'Connor, Kaori. *The Never-Ending Feast: The Anthropology and Archaeology of Feasting*. London: Bloomsbury, 2015.

Paxson, Heather. *The Life of Cheese: Crafting Food and Value in America*. Berkeley: University of California Press, 2012.

Pearson, Kathy L. "Nutrition and the Early-Medieval." *Speculum* 72, no. 1 (January 1997): 1–32.

Pendergrast, Mark. *Uncommon Grounds: The History of Coffee and How it Transformed the World*. New York: Basic Books, 1999.

Pilcher, Jeffrey. "Tamales or Timbales: Cuisine and the Formation of Mexican National Identity, 1821–1911." *The Americas* 53, no. 2 (October 1996): 193–216.

Pirenne, Henri. *Economic and Social History of Medieval Europe*. Translated by I. E. Clegg. New York: Harvest/Harcourt Brace & World, 1966.

Pitte, Jean-Robert. "The Rise of the Restaurant." In Flandrin and Montanari, *Food*, 471–80.

Pleijj, Herman. *Dreaming of Cockaigne: Medieval Fantasies of the Perfect Life*. Translated by Diane Webb. New York: Columbia University Press, 2003.

Pliny the Elder. *Natural History Volume III, Books 8-11*. Translated by H. Rackham. Loeb Classical Library 353. Cambridge, MA: Harvard University Press, 1940.

Pollan, Michael. *The Botany of Desire: A Plant's-eye View of the World*. New York: Random House, 2001.
—— *In Defense of Food: An Eater's Manifesto*. New York: Penguin 2008.

Robinson, Fred C. "Medieval, the Middle Ages." *Speculum* 59, no. 4 (October 1984): 745–56.

Saladino, Dan. *Eating to Extinction: The World's Rarest Foods and Why We Need to Save Them*. New York: Penguin, 2021.

Schama, Simon. *The Embarrassment of Riches*. New York: Alfred Knopf, 1987. Scheidel, Walter. "From the 'Great Convergence' to the 'First Great Diver-gence': Roman and Qin-Han State Formation and Its Aftermath." Princeton/Stanford Working Papers in Classics, 2007.

Schell, Orville. *Modern Meat*. New York: Vintage, 1985. Schivelbusch, Wolfgang. *Tastes of Paradise: A Social History of Spices,*

*Stimulants, and Intoxicants*. Translated by David Jacobson. New York: Vintage, 1992.

Schlosser, Eric. *Fast Food Nation: The Dark Side of the All-American Meal*. New York: Houghton Mifflin, 2001.

Schnapp, Jeffrey T. "The Romance of Caffeine and Aluminum." *Critical Inquiry* 28, no. 1 (Autumn 2001): 244–69.

Scott, James C. *Against the Grain: A Deep History of the Earliest States*. New Haven: Yale University Press, 2017.

Spang, Rebecca. *The Invention of the Restaurant: Paris and Modern Gastronomic Culture*. Cambridge, MA: Harvard

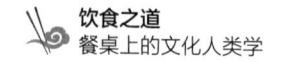

University Press, 2000.

Tannahill, Reay. *Food in History*. New York: Stein and Day, 1973.

Thackeray, William Makepeace. *Vanity Fair*. New York: Vintage Books, 1950 [1848].

Thompson, E. P. "The Moral Economy of the English Crowd in the 18th Century." Past & Present 50 (February 1971): 76–136.

Tierney, J. J. "The Celtic Ethnography of Posidonius." *Proceedings of the Royal Irish Academy. Section C: Archaeology, Celtic Studies, History, Linguistics, Literature* 60 (1959): 189–275.

Tran, Van Voi. "How 'Natives' Ate at Colonial Exhibitions in 1889, 1900, and 1931." *French Cultural Studies* 26, no. 2 (2015): 163–75.

Turner, Jack. *Spice: the History of a Temptation*. New York: Knopf, 2008. Twilley, Nicola. "The Coldscape." *Cabinet* 47 (Fall 2012): 78–87.

Twitty, Michael. *Rice*. Chapel Hill: University of North Carolina Press, 2021. Visser, Margaret. *The Rituals of Dinner: The Origins, Evolutions, Eccentricities and Meaning of Table Manners*. New York: Penguin, 1991.

Watson, James L., ed. *Golden Arches East: McDonald's In East Asia*. Palo Alto, CA: Stanford University Press, 1997.

White, Merry. *Coffee Life in Japan*. Berkeley: University of California Press, 2012. Wilson, Bee. *Consider the Fork: A History of How We Cook and Eat*. New York: Basic Books, 2012.

Wrangham, Richard. *Catching Fire: How Cooking Made Us Human*. New York: Basic Books, 2010.

Wright, Clifford A. "The Medieval Spice Trade and the Diffusion of the Chile." *Gastronomica* 7, no. 2 (Spring 2007): 35–43.

Wu, Emily S. "Chinese Ancestral Worship: Food to Sustain, Transform, and Heal the Dead and the Living." In *Dying to Eat: Cross-Cultural Perspectives on Food, Death, and the Afterlife*, edited by Candi K. Cann, 17–35. Lexington: University Press of Kentucky, 2018.

Wurgaft, Benjamin Aldes. *Meat Planet: Artificial Flesh and the Future of Food*. Berkeley: University of California Press, 2019.

Yü, Ying-shih. "Food in Chinese Culture: The Han Period (206 B.C.E.–220 C.E.)." In Ying-shih Yü, with Josephine Chiu-Duke and Michael S. Duke, *Chinese History and Culture: Sixth Century B.C.E. to Seventeenth Century*. New York: Columbia University Press, 2016.

# 致谢

烹饪界厨师如云，要感谢的人不胜枚举。我们用勺子敲打锅碗瓢盆，为我们从事食品人类学、食品历史和食品研究的同事和朋友致以诚挚的谢意：丽贝卡·阿尔西德（Rebecca Alssid）、伊丽莎白·安多（Elizabeth Andoh）、已故的玛丽·博德里（Mary Beaudry）、沃伦·贝拉斯科（Warren Belasco）、卡塔兹娜·茨维特卡（Katarzyna Cwiertka）、乔安娜·戴维森（Joanna Davidson）、达拉·戈德斯坦（Darra Goldstein）、拉菲·格罗斯利克（Rafi Grosglik）、芭芭拉·哈伯（Barbara Haber）、乌苏拉·海因泽尔曼（Ursula Heinzelmann）、雷切尔·劳丹（Rachel Laudan）、吉尔·诺曼（Jill Norman）、希瑟·帕克森（Heather Paxson）、斯蒂芬·沙平（Stephen Shapin）和比·威尔逊（Bee Wilson）。还要感谢科奇（Corky），

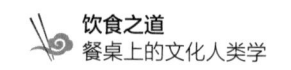

即梅里（Merry），以及她早期的导师茱莉亚·柴尔德（Julia Child）和伊丽莎白·大卫（Elizabeth David）的支持，这一路上多亏他们的关怀提携。

亚当·西姆哈（Adam Simha）向我们介绍了厨房刀具制作工艺。乔什·伯森（Josh Berson）在吃晚餐时为本书赐名，更是拨冗详读了本书的草稿。卡洛斯·诺雷纳（Carlos Noreña）和托马斯·大卫·杜波依斯（Thomas David DuBois）都读了本书中涉及的古代各帝国的章节，并赐教了他们的专业见解。保罗·科斯明（Paul Kosmin）对书中关于罗马和波斯的内容提出了宝贵的建议。耶利米·迪特玛（Jeremiah Dittmar）阅读了我们这部书中关于工业革命章节的早期草稿。同时，还要特别感谢我们的多位匿名读者，本杰明还要借此机会感谢他在卫斯理公会暑期学校的那些学生们，他们曾尝试把本书当教材来用。

我们席间总爱聊这本书，掐指算来，已有数个年头。其间，格斯·兰卡托雷（Gus Rancatore）、香农·苏普尔（Shannon Supple）、刘易斯·沃加夫特（Lewis Wurgaft）和卡罗尔·科尔塞尔（Carole Colsell）总是耐心听我们述说，乐于提出自己的宝贵意见，且知无不言，言无不尽。

加州大学出版社的编辑凯特·马歇尔（Kate

Marshall）不仅业务过硬，并且心思缜密，有幸与她合作，实属我等荣幸。特别感谢查德·阿滕伯勒（Chad Attenborough）、凯瑟琳·奥斯本（Catherine Osborne）、弗朗西斯科·雷因金（Francisco Reinking）、亚历克斯·达恩（Alex Dahne）、凯文·巴雷特·凯恩（Kevin Barrett Kane）、拉蒙·史密斯（Ramón Smith）和加州大学出版社全体同人。我们非常怀念希拉·莱文（Sheila Levine），她是梅里做加州大学出版社项目时的编辑，堪称影响饮食学术研究的一员干将，特此感谢。

心怀感激和爱意，特将此书献给格斯·兰卡托雷（Gus Rancatore）。

最后，本书两位作者互谅互让，惺惺相惜。我们虽为母子，二人共著一书，难免意见相左，所幸合作无间，项目受益良多，真是幸运至极！

借此机会，互致谢意！